Luis Orlando Martín Carvajal
Asdrúbal García

Carros jaula ferroviarios: reacondicionamiento del par tribológico

AF887228

Luis Orlando Martín Carvajal
Asdrúbal García

Carros jaula ferroviarios: reacondicionamiento del par tribológico

Carros jaula ferroviarios: tecnología de reacondicionamiento del eje y cambio de material para la base del cojinete

PUBLICIA

Imprint
Any brand names and product names mentioned in this book are subject to trademark, brand or patent protection and are trademarks or registered trademarks of their respective holders. The use of brand names, product names, common names, trade names, product descriptions etc. even without a particular marking in this work is in no way to be construed to mean that such names may be regarded as unrestricted in respect of trademark and brand protection legislation and could thus be used by anyone.

Cover image: www.ingimage.com

Publisher:
PUBLICIA
is a trademark of
International Book Market Service Ltd., member of OmniScriptum Publishing Group
17 Meldrum Street, Beau Bassin 71504, Mauritius

Printed at: see last page
ISBN: 978-3-639-55695-7

Zugl. / Aprobado por: Santiago de Cuba, Universidad de Oriente, Tesis Doctoral, 2011

Copyright © Luis Orlando Martín Carvajal, Asdrúbal García
Copyright © 2017 International Book Market Service Ltd., member of OmniScriptum Publishing Group
All rights reserved. Beau Bassin 2017

Universidad de Oriente
Departamento de procesos de Manufactura y Materiales
Facultad de Ingeniería Mecánica

"Carros jaula ferroviarios: tecnología de reacondicionamiento del eje y cambio de material para la base del cojinete."

Autor: MSc. Ing. Luis Orlando Martín Carvajal

Santiago de Cuba 2011

Agradecimientos

AGRADECIMIENTOS

Mi primera gran dosis de agradecimiento es a mis padres. Al Dr. Alfredo Cisneros Hernández por iniciarme en este fascinante mundo de los materiales, a su esposa. A mi amigo, padre y tutor el Dr. Asdrúbal García Domínguez por su infinita preocupación por mi superación, por las incontables jornadas de trabajo que me dedicó en el trabajo, a mami. Al Dr. Lázaro Pino por sus acertadas y oportunas orientaciones, a su esposa.

También mi eterno agradecimiento al Dr, Calixto Rodríguez, Dr, Francisco Lafargue, al Dr. Jesús Hernández, a su esposa, al Dr. Roberto Sagaró Zamora, al Dr. Segismundo Mojicar, a los profesores MCs. Jorge Mascarell, MSc. Jorge García y al MSc Rafael Chapman por el apoyo incondicional, a los profesores y técnicos de la facultad de Ingeniería Mecánica de la Universidad de Oriente. A los técnicos del Laboratorio de Metalografía de la UCLV. Hago extensivo también mi agradecimiento a los trabajadores y directivos del taller de fundición de la Empresa "Román Roca" de la ciudad de Santa Clara y a los trabajadores y directivos del taller de fundición de la EMI "Ignacio Agramonte" de la ciudad de Camagüey.

A mis compañeros y amigos del departamento por su incondicional apoyo.

Un agradecimiento muy especial a mis hijas, a mi familia y a mí ángel bello por su paciencia, apoyo y comprensión.

Por último, quiero expresar mi agradecimiento a todos los que de una forma u otra aportaron al desarrollo del trabajo, en espera que sepan perdonarme pues resulta imposible mencionarlos sin correr el riesgo de cometer una omisión involuntaria. A mi gran amigo

A todos MUCHAS GRACIAS

Dedicatoria

DEDICATORIA

A la memoria de mi padre, a mi madre, a mis hijas, a mi ángel bello, a mi familia. .
A mi gran amigo

A todos, porque sencillamente los amo.

Indice

ÍNDICE

INTRODUCCIÓN **1**

CAPÍTULO 1 EJES Y COJINETES PLANOS DE VAGONES FERROVIARIOS **9**

1.1 El ferrocarril y su desarrollo en el mundo y en Cuba. 9

1.2 Vagones ferroviarios para la transportación de carga. 13

1.2.1 Par de ruedas. Características. 14

1.3 Eje para el tren de rodamiento. 14

1.4 El rodillado de los muñones y el desgaste. 16

1.5 Cajas de grasa con cojinete de fricción. 21

1.6 Materiales para la fabricación de cojinetes de fricción. 23

1.6.1 Fundiciones grises aleadas. 24

1.6.2. Efecto de los principales elementos aleantes sobre el hierro. 26

1.6.3 Efecto del aluminio como aleante del hierro. 29

1.7 El hierro fundido y el desgaste. 31

1.8 Conclusiones parciales. 34

CAPITULO 2 ORGANIZACIÓN DE LA INNOVACIÓN. MATERIALES Y MÉTODOS **35**

1. Introducción. 35

2.1 Organización de la innovación del sistema eje – cojinete plano. 36

2.2. Análisis de la distribución de las fuerzas externas actuantes en el eje y en el par de ruedas. 40

2.3. Cálculo de comprobación del diámetro mínimo del muñón por la condición de resistencia. 41

2.3.1 Cálculo del coeficiente de reserva según criterios de fatiga. 42

2.3.2 Cálculo de comprobación del diámetro del eje por el Método de Elementos Finitos. 46

2.4. Determinación de los escalones de reacondicionamiento. 48

2.4.1 Organización del reacondicionamiento del eje. 49

2.5. Revisión del diseño del cojinete plano. 50

2.6. Caracterización de las aleaciones. 60

2.6.1. Fabricación de las probetas experimentales. 60
2.6.2. Ensayo de composición química. 61
2.6.3. Ensayo metalográfico. 62
2.6.4. Ensayos de las propiedades mecánicas. 62
2.6.4.1. Ensayo de dureza. 62
2.6.4.2 Ensayos de tracción. 62
2.6.4.3. Ensayos de desgaste. 63
2.7. Conclusiones parciales. 64
CAPÍTULO 3 INNOVACIÓN TEGNOLÓGICA EN EL PAR CINEMÁTICO EJE-COJINETE PLANO 65
3.1 Introducción. 65
3.2 Organización del reacondicionamiento del eje. 65
3.3 Diseño y fabricación del dispositivo de rodillado. 66
3.4. Factibilidad técnica y económica. 70
3.4.1. Cálculo de costos. 70
3.4.2. Análisis de factibilidad. 71
3.5 Fundición gris aleada con aluminio para la base del cojinete plano. 72
3.5.1. Organización de la innovación. 73
3.6 Obtención de la aleación con matriz perlito ferrítica bajo aleada. 75
3.6.1 Fundamentación de la aleación propuesta. 75
3.7 Planificación experimental. 76
3.7.1 Obtención de las aleaciones. 78
3.7.2 Obtención de las probetas. 80
3.7.3. Caracterización de las aleaciones. 81
3.7.3.1 Análisis de los resultados de la composición química. 81
3.7.3.2 Análisis metalográfico. 82
3.7.3.3 Análisis de las propiedades mecánicas. 87
3.7.3.4 Ensayo de desgaste. 89
3.8. Obtención de la fundición gris común aleada con aluminio. 90
3.8.1. Planeación de los experimentos. 91
3.8.2. Preparación de muestras. 91

3.9. Discusión de los resultados. 91
3.9.1. Análisis de los resultados de los ensayos de composición química. 91
3.9.2 Relación de la composición química con las estructuras y sus propiedades. 93
3.10 Resultados de los ensayos de desgaste. 99
3.11 Comparación final entre las aleaciones experimentadas. 101
3.12 Impacto económico de la sustitución del bronce por fundición gris antifriccional aleada con aluminio. 102
3.13. Conclusiones parciales. 104
CONCLUSIONES GENERALES **106**
RECOMENDACIONES **108**
BIBLIOGRAFÍA **109**

Síntesis

SÍNTESIS

El par de fricción eje – cojinete de deslizamiento del carro jaula ferroviario para el transporte de la caña de azúcar presenta dificultades con la durabilidad de su vida útil y el alto costo de sus mantenimientos. Por ello se plantearon los siguientes objetivos: sustituir el bronce de las bases de los cojinetes de deslizamiento por un material más barato y que no afecte la durabilidad del eje ferroviario y el de elaborar una tecnología de reacondicionamiento del eje del carro jaula ferroviario con base a escalones en diámetro de sus muñones y la fabricación de los cojinetes planos con dimensiones ajustadas a esos escalones, de modo que permita elevar la vida útil de los elementos del par de fricción y facilitar el trabajo de mantenimiento, disminuyendo importaciones.

Como solución se elaboró una tecnología de reacondicionamiento para el eje con escalones en diámetro para el maquinado y el rodillado de la superficie del muñón a fin de elevar la resistencia al desgaste adhesivo. Se presenta el cálculo del diámetro mínimo permisible de los muñones tanto mediante los sistemas de ecuaciones normalmente usados, según normas ferroviarias, como por el Método de Elementos Finitos. Se diseñó, construyó y se introdujo en explotación un dispositivo para el rodillado del muñón, adaptado al torno horizontal donde se realiza el torneado del eje. Se obtuvo certificado de invención para el dispositivo. Se prevé la fabricación y acople de cojinetes de deslizamiento con las dimensiones adecuadas al muñón del eje reacondicionado.

Se presenta un estudio de la obtención de fundiciones grises aleadas con aluminio (0-4%) para sustituir el bronce de las bases de los cojinetes de deslizamiento. Se obtuvieron las fundiciones grises antifriccionales con Al en dos variantes: con matriz bajo aleada (Cr, Ni, Cu) a partir de chatarra de maquinaria y aleando en la cuchara con aluminio (0-4%) y con matriz común a partir de chatarra estructural y aleando con Al en la misma forma. Se presentan los resultados de los diseños experimentales, del análisis estadístico y de los ensayos metalográficos, químicos, de propiedades mecánicas y de resistencia al desgaste haciendo friccionar las aleaciones experimentales contra el material del eje.

Se introdujo la tecnología de reacondicionamiento del eje y se han regresado a la explotación más de 300 ejes con un efecto económico de más de 108 mil dólares.

Introducción

INTRODUCCIÓN

El desarrollo del transporte ferroviario ha estado marcado, desde sus inicios, por la obtención de mayores velocidades y elevadas potencias en los equipos tractivos. Es enorme la cantidad de innovaciones que se han desarrollado buscando aumentar el transporte de pasajeros y de cargas con la mayor seguridad y confort. El ferrocarril ha logrado resistir el reto del transporte automotor y de la transportación aérea.

Sin embargo, es difícil hallar información sobre trabajos que se dediquen al desarrollo de nuevas variantes para la transportación de cargas grandes o especializadas con bajas velocidades. En Cuba, Centroamérica y otros países subdesarrollados, que poseen una agroindustria azucarera, se desarrolló en el siglo pasado la tecnología de cosecha y transporte de la caña azucarera, basada en el uso de carros jaula que llevan la caña hasta centros de pesaje, de preparación previa o directamente hacia las básculas receptoras instaladas en las fábricas azucareras. Cuba es un ejemplo típico, donde el uso del ferrocarril se convirtió en un elemento vital para la agroindustria azucarera y dio incluso, fundamento a la construcción y desarrollo de un sistema ferroviario particular para este sector de la economía. En la zafra azucarera de 1989 de acuerdo al informe realizado por el Ministerio del Azúcar, en el país trabajaron veinte mil de estos carros jaula ferroviarios. ("Balance final de zafra 1989/1990").

En la actualidad debido a la fuerte reducción que ha sufrido el sector el número de estos carros trabajando se ha mantenido por encima de los cinco mil en cada zafra. Resulta ser económico, ya que el acopio cañero hacia las fábricas realizados mediante transporte automotor conlleva a un gasto elevado de combustible diesel, neumáticos, baterías y autopartes, además de una gran infraestructura para la reparación. Se ha mantenido en el país un sistema de talleres ferroviarios especializados que atiende tanto el equipamiento tractivo como a los carros ferroviarios de distintos tipos que usa el sector, incluyendo los carros jaula para el transporte de la caña de azúcar.

El equipamiento ferroviario que trabaja a altas velocidades utiliza en la actualidad ejes que acoplan con rodamientos en sustitución de los cojinetes de deslizamiento. Estos rodamientos resultan caros y su precio se eleva constantemente, de acuerdo a los vaivenes del mercado internacional. Se justifican si se tiene en cuenta las altas velocidades que los mismos permiten alcanzar. No así en el caso de los carros que trabajan a velocidades inferiores a los 60 km/h. En ese caso los cojinetes de deslizamiento resultan ser más baratos y mantener una vida útil suficientemente prolongada.

Sin embargo, estos cojinetes se continuaron fabricando, tradicionalmente, con una estructura formada por una base o teja de bronce al plomo y una capa de rodamiento de aleación antifriccional (Babbitt). Ambas aleaciones han ido adquiriendo un alto precio en el mercado internacional, debido a la presencia en las mismas de metales deficitarios como el cobre y el estaño. La tendencia mundial en la sustitución de las aleaciones antifriccionales se dirigen al uso de aleaciones base aluminio o a los polímeros, en especial, de los teflones, y a la búsqueda de materiales compuestos. Variantes todas costosas.

Por otro lado los ejes son usados hasta que en sus muñones aparecen defectos superficiales que provocan su desmontaje y reparación. Se cilindran los muñones hasta hacer desaparecer los defectos y se les acopla un nuevo cojinete o uno reparado. En ambos casos, al cojinete se le amplía la capa de rodamiento para cubrir el huelgo que dejó el maquinado realizado en el eje. Esto hace que la capa de rodamiento alcance ocho, diez, o más milímetros de espesor, lo que conspira contra la resistencia de la capa y esta se desprende en un tiempo no prolongado, provocando nuevos y más graves defectos en el muñón del eje y nuevo mantenimiento.

Cada carro jaula posee cuatro ejes y ocho cojinetes de deslizamiento. Por lo que se comprende que el mantenimiento de estos pares de fricción constituye uno de los problemas más engorrosos y de mayor influencia sobre el costo de reparación y mantenimiento de estos elementos vitales para el transporte y organización de la cosecha cañera del país. El aumento de la vida útil del par de fricción eje – cojinete de deslizamiento de estos carros constituye una problemática de gran interés y actualidad en el sector azucarero de nuestra economía y su solución representa un aporte científico novedoso en el tema de los pares de fricción ejes – cojinetes de deslizamiento.

Atendiendo a la problemática descrita anteriormente se decide concretar el siguiente:

Problema científico.

El bronce de las bases de los cojinetes planos tradicionales tiene un elevado precio en el mercado internacional, lo que junto con el bajo aprovechamiento de su vida útil, y la del eje, provocan los altos costos de mantenimiento del par cinemático ferroviario (cojinete plano – eje) del carro jaula para el transporte de la caña de azúcar.

Objeto.

Métodos y tecnologías de fabricación de cojinetes planos y los métodos de reacondicionamiento de ejes ferroviarios.

Objetivos generales.

1. Sustituir el bronce de las bases de los cojinetes de deslizamiento por un material más barato y que no afecte la durabilidad del eje ferroviario.
2. Elaborar una tecnología de reacondicionamiento del eje del carro jaula ferroviario con base a escalones en diámetro de sus muñones y la fabricación de los cojinetes planos con dimensiones ajustadas a esos escalones, de modo que permita elevar la vida útil de los elementos del par de fricción y facilitar el trabajo de mantenimiento, disminuyendo importaciones.

Objetivos específicos.

1. Diseñar un sistema para el reacondicionamiento del eje y la fabricación de cojinetes de deslizamiento con las dimensiones ajustadas a los muñones del eje.
2. Elaborar la tecnología de reacondicionamiento del eje con respecto a escalones en diámetro de sus muñones.

3. Diseñar y construir un dispositivo que permita rodillar el muñón del eje en un torno convencional.
4. Sustituir el bronce de las bases de los cojinetes de deslizamiento por fundiciones grises antifriccionales que no dañen al material del eje (AISI 1045).

Campo.

Estudio de las fundiciones grises perlíticas antifriccionales bajo aleadas con aluminio (0-4%Al) y definición de la mejor para la sustitución del bronce al plomo, de la base (teja) de los cojinetes planos de los pares de ruedas de los carros jaula ferroviarios para el transporte de caña y la tecnología de reacondicionamiento del eje incluido el diseño y puesta en práctica de un dispositivo para facilitar el rodillado de los muñones en torno horizontal.

Hipótesis.

Si se sustituye la aleación de bronce al plomo de su base (teja) por una fundición gris perlítica bajo aleada al aluminio (0-4%Al) que, en caso de una fricción directa ocasional con el eje del par de ruedas, asegure la no afectación a los muñones y se diseña y aplica un sistema de reacondicionamiento del eje del carro jaula ferroviario, con base a escalones en diámetro y la fabricación de los cojinetes con dimensiones ajustadas a esos escalones, se podrá obtener un aumento de la vida útil de los elementos de este par de fricción facilitando el trabajo de mantenimiento, con una disminución en los costos y en las importaciones.

Se utilizarán los siguientes métodos de investigación:

❖ Métodos empíricos:

➢ Proyección de probetas y métodos de obtención por fundición y maquinado.
➢ Obtención de la información sobre los ejes y los cojinetes de deslizamiento en los talleres de reparación.

❖ Métodos teóricos:

- Análisis y síntesis en el procesamiento de la información para conformar el marco teórico de la investigación. Y en el análisis de los resultados experimentales.
- Sistémico estructural para determinar la relación: parámetros del proceso-propiedades tanto de las fundiciones como del eje.
- Histórico-lógico, en el análisis de la explotación de ejes ferroviarios y su mantenimiento y en el proceso de obtención de aleaciones para bases de cojinetes planos y del uso de los elementos aleantes para el control de la grafitización de las fundiciones.
- Modelación y diseño de experimentos para la obtención de las aleaciones y la verificación de sus propiedades.

Los aportes científicos alcanzados son:

Teóricos.

- Estudio teórico y práctico de la influencia de bajas adiciones de aluminio (0 – 4% Al), manteniendo proporciones normales de carbono, silicio y manganeso, sobre el proceso de grafitización de las fundiciones grises a fin de obtener una dureza limitada, alta resistencia mecánica y no afectar al material del eje (AISI 1045 normalizado) en el caso de fricción directa.

Prácticos.

- Adaptación de la tecnología de reparación, por escalones de diámetro, para el mejor aprovechamiento de la vida útil del eje del par de ruedas del carro jaula para el transporte ferroviario de la caña de azúcar, que incluye fabricación de cojinetes planos con las dimensiones ajustadas a esos escalones.
- Diseño del dispositivo para el rodillado de los muñones del eje, adaptado a un torno convencional. Certificado de invención.

- Tecnología para obtener una familia de fundiciones antifriccionales, bajo aleadas con aluminio, que se adecuen a las propiedades mecánicas, metalográficas y tribológicas que se necesiten.

La tesis ha sido estructurada en una síntesis; la introducción y tres capítulos, así como conclusiones generales, recomendaciones, bibliografía y anexos.

El capítulo 1 se ha dedicado al análisis crítico del estado de la ciencia y la técnica alrededor del tema; el capítulo 2 aborda los materiales y métodos utilizados en el trabajo así como la organización de la innovación a enfrentar y el análisis de la proposición del sistema de reacondicionamiento del par de fricción eje – cojinete de deslizamiento. El capítulo 3 se dedica a la innovación tecnológica en el par cinemático eje-cojinete plano, donde se fundamenta el diseño del dispositivo para rodillar los muñones adaptado a un torno convencional y se describe el análisis para la sustitución del material de la base del cojinete de deslizamiento y la elaboración de fundiciones grises con matriz aleada o no y con pequeñas adiciones de aluminio (0-4%Al) en la cuchara, así como la determinación de las propiedades mecánicas, metalográficas y de desgaste por fricción contra el material del eje.

La producción científica del autor, en relación con el tema de la tesis es la siguiente:

Eventos científico – técnicos.

- XIII Fórum de Ciencia y Técnica, Florida. Premio Relevante a nivel de base, Municipio. Destacado Provincial. Recuperación de ejes de los carros jaulas, 2000.
- Fórum Ramal Ferroviario Provincial, Relevante.2000.
- Fórum Ramal Nacional del Transporte, Ciudad Habana, 2000.
- XIII Fórum Nacional de Ciencia y Técnica. Mención Especial. Recuperación del eje de los carros jaulas. Ciudad Habana, 2001. Metánica, C. Habana.2002.
- Taller Científico “El Hierro Fundido en Cuba”. Hierros fundidos en el Sistema Al-Si-Mn. Universidad de Camagüey, Cuba. 2006

- Evento Internacional COMEC.2008, Universidad Central "Marta Abreu" de Las Villas. Sistema aleante Al-Si-Mn para modificar fundición gris aleada.
- Evento Internacional CITDES. Sistema aleante Al-Si-Mn para modificar fundición gris aleada. Universidad de Camagüey, 2009.
- Congreso Internacional de Ciencias Agropecuarias. Agrociencias 2011. Ingeniería conceptual y básica del prototipo cubano de cosechadora de marabú. Universidad Agraria de La Habana, ISBN: 978-959-16-1367-7.
- Tecnología de Reacondicionamiento del eje del carro jaula ferroviario. Conferencia Internacional de Ingeniería Mecánica y Energía (CIIME). Santiago de Cuba, 2010.
- Fundición gris aleada con aluminio para la base del cojinete plano del carro jaula ferroviario. Conferencia Internacional de Ingeniería Mecánica y Energía (CIIME). Santiago de Cuba, 2010.

Publicaciones:

- Revista "Centro Azúcar". *¨Fundición gris aleada con Al, Si y Mn para la fabricación de la chumacera de los carros ferroviarios para el transporte de la caña¨*. N^{ro} 1/ 2010. Villa Clara, ISSN 0253 5757.
- Dispositivo para el rodillado en tornos horizontales de muñones de ejes, Certificado de Invención N^{ro} CU 23418. Ciudad Habana, 2009
- Ponencia "Recuperación de los ejes de los carros jaula" al XIII Fórum Nacional de Ciencia y Técnica. Mención Especial, 2001.
- Tribocomposite para cojinetes de carros ferroviarios de transportación cañera. *Comportamiento de la Fricción y Desgaste*. Revista "Centro Azúcar". N^{ro} 2/ 2002. Villa Clara, ISSN 0253 5757.
- Hierros fundidos en el Sistema Al-Si-Mn .Taller Científico "El Hierro Fundido en Cuba" ISBN 959-16-0483-1 Universidad de Camagüey, Cuba. 2006
- Sistema aleante Al-Si-Mn para modificar fundición gris aleada. Evento Internacional COMEC.2008, Universidad Central "Marta Abreu" de Las Villas, ISBN 978 – 959 – 250 – 404 – 2

- Sistema aleante Al-Si-Mn para modificar fundición gris aleada. Evento Internacional CITDES, Universidad de Camagüey, ISBN:978-959-16-1012-6

  Memorias del evento "Conferencia Internacional de Ingeniería Mecánica y Energía 2010. Universidad de Oriente, Facultad de Ingeniería Mecánica, Nov. 2010.

Capítulo 1

CAPÍTULO 1

EJES Y COJINETES PLANOS DE VAGONES FERROVIARIOS

1.1 El ferrocarril y su desarrollo en el mundo y en Cuba.

El ferrocarril en su desarrollo ha atravesado diversas etapas, desde sus inicios alrededor de 1825 el llamado Ferrocarril de Stiphenson, en Inglaterra, para el acarreo de minerales en las minas; en los Estados Unidos 1835; Bélgica 1835; Cuba 1837; Rusia 1843; España 1848, hasta la etapa actual (Roldan, 1999); (Rodrigo, 2000); ("Material Rodante", 1998); ("Cronología del ferrocarril", 2001). A partir de 1850, el transporte por ferrocarril comenzó su expansión en América Latina y estaba presente en países como: Argentina, México, Brasil.

Cuba con su primer tramo de ferrocarril inaugurado el 19 de noviembre de 1837 entre la Habana y Bejucal, paradójicamente, tuvo ferrocarril antes que su metrópoli (España). Fue así como se convirtió en el 6to. país del mundo y el primero de América Latina en instalar el transporte ferroviario (Rodrigo, 2000). Existe actualmente una diversidad de material rodante en circulación para distintos destinos, entre los que están carga, viajeros, autopropulsados y arrastre. Se han empleado o se emplean para generar la potencia necesaria el vapor, diesel, diesel-eléctrico, eléctricos y duales ("Material Rodante", 1998).

Los equipos rodantes se caracterizan, entre otros detalles, por la trocha entre sus ejes, o sea, la distancia entre las caras internas de los carriles. Se declaró en 1887, en la Conferencia de Berna sobre el transporte público, el establecimiento del ancho de vía internacional de 1435 mm (56 ½ pulgadas) (Roldan, 1999). La dimensión del ancho de vía se fijó por referencia a la red estándar europea. Los valores teóricos de diseño pueden elegirse entre 1435 y 1437 mm ("Parámetros dimensionales", 2001);

("Ancho de vía", 2005). Un desarrollo más reciente es el caso de los equipos dotados de ejes de ancho variable ("Desarrollos Tecnológicos...", 2005); (Martínez, 2001), lo cual les permite adaptar su trocha en los lugares previstos, en tan solo 5 min. Se han establecido velocidades autorizadas para servicio de trenes regulares de alta velocidad de hasta 300 km/h, (tren de gran velocidad TGV) (Arenillas, 2005).

Existen normas que establecen la clasificación de las vías de acuerdo a las velocidades autorizadas de circulación, en vías convencionales hasta 250 km/h y vías de alta velocidad: mayor de 250 km/h. Esta clasificación se ajusta también al material rodante que circule por la vía (Arenillas, 2005); ("Recomendaciones de la Comisión...",2001); (Cano, 2004); (Cano, 2003).

De los sistemas informáticos ("Manual del usuario", 1997); ("Manual del usuario", 1996) de ayuda al diseño que más se emplean en la actualidad, están: Auto/Cad en sus diferentes variantes, Auto/Cad Mechanical, Mechanical Desktop Power Pack, Autodesk Inventor, SolidWork y Cosmos 2006.

La aparición de roturas de ejes, vías, puentes, etc. estando sometidos a cargas repetidas inferiores a las de rotura e incluso a las de fluencia era un fenómeno desconocido en los primeros tiempos. Hasta la aparición del ferrocarril no existían prácticamente, sistemas con elementos sometidos a tan alto número de ciclos con ese nivel de solicitaciones. Y sobre todo, en ningún caso las consecuencias fueron tan dramáticas. Después de numerosos análisis y ensayos se llegó a la conclusión de que los accidentes eran producidos por una nueva forma de fallo: *la fatiga*. Para estudiar este fenómeno se desarrollaron los primeros ensayos sistemáticos, se descubrió la existencia del límite de fatiga en los aceros, atribuido al ingeniero bávaro Wöhler y se determinó el efecto de diversos factores sobre la resistencia a este fenómeno. Wöhler extrajo dos conclusiones de sus ensayos:

- La primera, que las fuerzas necesarias para provocar la rotura con cargas dinámicas son muy inferiores a las necesarias en el caso estático.
- La segunda, que existe un umbral por debajo del cual las probetas no se rompían (límite de fatiga).

Estos autores observaron que, bajo cargas dinámicas, aparecían deformaciones por deslizamiento similares a las obtenidas en el caso estático, de modo que el progreso de dichas líneas era el que conducía a la rotura, además introdujeron la hipótesis del endurecimiento por deformación (acritud) para explicar la existencia del límite de fatiga, de modo que con cargas pequeñas el endurecimiento llegaba a compensar y detener el avance del deslizamiento. Actualmente, aunque se acepta la teoría del endurecimiento/deslizamiento, no existe una formulación cuantitativa que permita realizar un cálculo fiable. No obstante, la multitud de datos disponibles, especialmente para materiales férricos y otros materiales metálicos, ha permitido desarrollar métodos de cálculo para el diseño de piezas confiables.

El empleo de sistemas informáticos (Miphorski,2004) que aceleran los cálculos de fatiga ahorrando tiempo en el diseño de elementos, tales como los ejes ferroviarios, vislumbran un aseguramiento de la resistencia y la fiabilidad, tomando en cuenta todos aquellos factores que favorecen la aparición de síntomas de fatiga. Para el ferrocarril se han enunciado una gran cantidad de normas. ("Decisión de la comisión...", 2006)

Se han ido perfeccionando los modelos de carga a aplicar para calcular los esfuerzos a que están sometidos los ejes durante su trabajo. En general las cargas actúan en dos planos perpendiculares (vertical y horizontal); en el vertical: la carga estática y dinámica y en el horizontal las cargas que se generan durante la aceleración y el frenado. Las limitaciones de las cargas están dadas por las cargas límites capaces de soportar la vía (carga por eje máxima) que hoy día se encuentran bien definidas por las regulaciones (Shadur, 1980) de vías y puentes (por las condiciones de la vía, por los radios de las curvas, por la existencia o no de peraltes, por la velocidad de servicio y por la fuerza del viento). Según (Oller, 1999) y (Estrada, 1983) el valor máximo de carga sobre un muñón se da cuando el vehículo transita por una curva, un muñón (el más alejado del centro de la curva) se sobrecarga mientras que el otro, se descarga, esta condición permite establecer como carga de diseño la máxima entre ambos muñones. Esta carga calculada tendrá en cuenta también los efectos dinámicos producidos por: condiciones de la vía y defectos de redondez de las ruedas.

Como se mencionó anteriormente, Cuba fue de los primeros en contar con un ferrocarril (1837). Más adelante con la construcción y puesta en marcha de muchos ingenios azucareros, se estableció el enlace por medio del ferrocarril entre las fábricas, sus colonias de caña y los puertos de embarque.

Ya para 1900 se produjo un florecimiento del ferrocarril no solo para el trasiego de cargas sino de pasajeros, extendiéndose de Occidente a Oriente, quedando conectadas a través de él, la ciudad de La Habana con Santiago de Cuba (836 km).

En la década de los años 60 se produce un auge del ferrocarril, específicamente en los años 70 fue renovado el trazado de la vía central, su señalización y se adquirió material rodante moderno de tracción, autopropulsado y de arrastre, en este caso de procedencia europea, canadiense y argentina para el trasiego de mercancías y pasajeros, es de destacar que el ferrocarril fue extendiéndose desde la etapa de la neo colonia en dos subsistemas ferroviarios:

- El sistema ferroviario del Ministerio del Azúcar (MINAZ).
- El sistema ferroviario del Ministerio del Transporte (MITRANS).

En la década de los 90´ producto del colapso económico y político que enfrentó el Campo Socialista y el acrecentamiento del bloqueo norteamericano, se produce una nueva recaída en el desarrollo del ferrocarril en Cuba, interrumpiéndose la construcción de la doble vía central y el completamiento del parque de equipos. En la presente década, la situación del material rodante destinado a carga, ha recibido atención con la inversión de recursos financieros para su mantenimiento y reconstrucción. Se adquirieron modernos medios de tracción (locomotoras) del modelo DF7G-C de la República Popular China, se ha contratado un volumen apreciable de material rodante nuevo para el servicio de pasajeros, de carga y para reparación de infraestructura, el cual está siendo embarcado desde Irán hacia Cuba, lo que proporcionará un mejoramiento notable del ferrocarril cubano en un futuro cercano.

Se agrega a lo anterior que en el marco del ALBA (Alternativa Bolivariana para Las Américas), se ha firmado un convenio con la República Bolivariana de Venezuela para el financiamiento de la reconstrucción de vías férreas, modernización del sistema de señalización y comunicaciones, por un valor de cien millones de dólares, que posibilitará alcanzar las condiciones de diseño del ferrocarril central y lograr el incremento de la velocidad y seguridad del servicio de los trenes nacionales.

1.2 Vagones ferroviarios para la transportación de carga.

El vagón es la unidad de material rodante y está destinado para el transporte de carga y pasajeros. Los vagones de carga pueden ser: casillas, góndolas, planchas, tanques, silos de cemento, silos de cereales, dosificadores de piedra, vagones refrigerados, volquetas, vagones para cargas especiales y jaulas para ganado y para caña de azúcar. En cuanto a estas últimas se utilizan para transportaciones de la caña, fundamentalmente por los ferrocarriles del Ministerio del Azúcar, (figura 1.1), su carrocería es de acero y asemeja una jaula, la descarga se realiza por las puertas laterales. ("Norma NRNT, 1996).

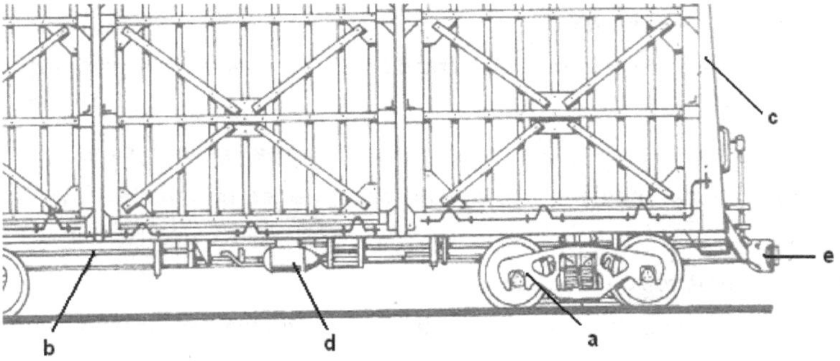

Figura 1.1. Partes fundamentales de los vagones.

Las partes fundamentales de los vagones son: a) el tren de rodamiento; b) el bastidor; c) la carrocería; d) el sistema de frenos; e) el equipo de choque y tracción.

1.2.1 Par de ruedas. Características.

El tren de rodamiento está constituido por las partes móviles del equipo rodante, a este pertenecen los pares de ruedas, los cuales son fundamentales para el movimiento de los equipos.

El par de ruedas está formado por un eje y dos ruedas que se fijan fuertemente a él. (figura 1, anexo 1). Las ruedas sostienen el peso del equipo y regulan su movimiento por los carriles, recibiendo los golpes que se producen debido a los accidentes de la vía. Los pares de ruedas de las locomotoras y vagones se diferencian en las formas de los ejes y las dimensiones de estos y de las ruedas.

Las características principales que deben reunir los pares de ruedas para garantizar el movimiento seguro de los equipos por las vías férreas son: resistencia al desgaste; menor peso posible; poseer alguna flexibilidad que permita disminuir el nivel del ruido y los golpes que recibe el equipo durante su movimiento. Las formas de los ejes varían dependiendo del tipo de cojinete a utilizar, ya sean éstos de fricción o de rodamiento, y de las dimensiones del eje que, a su vez, dependen de la capacidad de carga y del esfuerzo a que estará sometido el equipo. (Estrada, 1983)

1.3 Eje para el tren de rodamiento.

Los materiales que se utilizan en la construcción de ejes tienen que garantizar los aspectos siguientes:

a) Resistencia a los esfuerzos que se producen producto de la explotación.
b) Suficiente durabilidad que permita la explotación de los mismos, durante largos periodos.
c) Cantidad de kilómetros de recorrido.

Los ejes de las locomotoras y de los vagones se construyen con acero al carbono. Los ejes se caracterizan, además de fricción o de rodamiento, por el diámetro de sus elementos, la longitud de los muñones, la distancia entre los centros de éstos y por la longitud total del mismo.

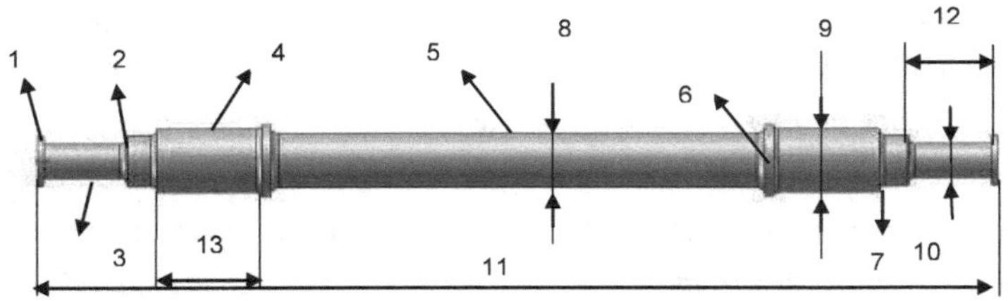

Figura. 1.2. Eje para cojinete de fricción.

En la (figura 1.2), (Estrada, 1983), se ilustra un eje para cojinete de fricción donde se muestran los siguientes parámetros: 1 collarín; 2 asiento lateral de media caña; 3 muñón o asiento del cojinete; 4 núcleo o asiento para la rueda; 5 cuerpo; 6 collar de asiento para la rueda; 7 tope del guardapolvo; 8 diámetro del cuerpo; 9 diámetro del núcleo o asiento de la rueda; 10 diámetro del muñón; 11 longitud del eje; 12 longitud del muñón; 13 longitud del núcleo o asiento de la rueda. Las dimensiones establecidas para este tipo de eje se muestran en el plano del anexo 1.

Los ejes, salidos de explotación, que se encuentran en el patio de los talleres o que son retirados del tren de rodamiento de los vagones y enviados al taller deben ser sometidos a una inspección de defectación visual de la superficie, usando polvos magnéticos o interna por ultrasonido.

Es pobre la cantidad de publicaciones y patentes referidas a los ejes para cojinetes de fricción y los mismos no han sufrido cambios significativos en los últimos cien años. Generalmente las publicaciones se refieren a los avances en los ejes para equipos tractivos, para los trenes con sistemas ultra modernos, para altas velocidades y una disminución considerable de gasto energético. Existen pocas publicaciones al respecto en Cuba.

Se mantienen vigentes la norma NRMT – 119 de 1992 y como complemento la Resolución FCDG – 204 – 96 de la República de Cuba que establece el conjunto de normas, limitaciones y obligaciones en el mantenimiento, reparación y explotación de los equipos ferroviarios en Cuba. ("Norma NRMT, 1996).

1.4 El rodillado de los muñones y el desgaste.

El desgaste por adherencia, según (Askeland, 1993); (Álvarez, 1998), y otros autores es conocido también como rayado o raspado, ocurre cuando dos superficies sólidas deslizan una sobre otra bajo presión. Las salientes superficiales, o asperezas, son plásticamente deformadas y finalmente soldadas por las altas presiones locales. Conforme continúa el deslizamiento se rompen estas uniones, produciendo cavidades en la superficie, partes proyectantes sobre la segunda superficie y con frecuencia partículas diminutas abrasivas, todo lo cual contribuye a un mayor desgaste superficial. Hay varios factores que ayudan a minimizar el grado de desgaste por adherencia.

- Las cargas bajas reducen el grado de desgaste.
- Si ambas superficies tienen altas durezas que sean aproximadamente las mismas, el grado de desgaste es bajo.
- Las superficies lisas reducen la posibilidad de que las asperezas se unan, proporcionando un desgaste más lento.
- Impedir la adhesión minimizará el desgaste. La fundición de hierro gris contiene hojuelas de grafito que proporcionan excelente auto lubricación en las superficies, particularmente cuando la matriz es perlita en lugar de ferrita suave.
- Finalmente, el desgaste adhesivo es menor cuando se usa un lubricante.

En el presente trabajo se han tenido en cuenta estas recomendaciones y en lo que se relaciona con el alisado de las superficies en fricción se ha tenido en cuenta el procedimiento del rodillado de los muñones del eje.

La primera recomendación no es posible cumplimentarla, ya que no es objetivo cambiar el diseño del vagón ni disminuir su carga, en condiciones de explotación.

La deformación plástica superficial en frío es un método de endurecimiento de materiales que logra alta dureza, el aumento del grado de deformación está muy vinculado con la aparición del fenómeno de endurecimiento y a medida que el grado de deformación es mayor, son necesarias más tensiones para continuar deformando. Por tanto el aumento del grado de deformación en frío aumenta la resistencia del metal a la deformación (Álvarez, 1995). El rodillado se ha convertido en un proceso de acabado por deformación plástica superficial muy popular. (Hasegawa, 2001) y (Ogburn, 2001).

Se trata de un proceso de elaboración en frío en la superficie de la pieza, la pequeña deformación plástica superficial originada consiste en el desplazamiento del material de los picos o crestas a los valles o depresiones de las micro irregularidades superficiales (Rose, 2003). En Cuba se conocen reportes de estudios del tema desde hace unos treinta años en el Dpto. Construcción de Maquinaria de la Universidad de Oriente. En el Dpto. de Procesos Tecnológicos de la Universidad Central de Las Villas, se comenzó a trabajar en el rodillado desde hace 25 años según (Díaz, 2006). Este autor realizó la implementación de un procedimiento metodológico para la elaboración de piezas por bruñido simple, donde se empleó indistintamente parámetros como fuerza desde 1000N hasta 2000N, número de pasadas de 3 a 5, avance desde 0,06 hasta 0,228 mm/rev y diámetro del rodillo de 41 mm para evaluar la dureza, rugosidad superficial y profundidad de la capa endurecida, sin embargo en el trabajo realizado por (Díaz, 2006) no queda establecido el comportamiento micro estructural del acero cuando es sometido al proceso de deformación plástica por rodillo, tampoco se establecen los planos de deslizamiento que originan el endurecimiento del material, estas motivan el trabajo en opción al grado de Doctor en Ciencias Técnicas que se desarrolla actualmente en el ISMM de Moa, Holguín.

Otros trabajos reportados en Cuba sobre este tema son los de los autores (Mallo, 1987) y (Fernández, 2008 y 2009). En el caso del primero no esclarece el comportamiento de las micro y macrotensiones del acero y el comportamiento de las propiedades mecánicas del acero cuando es sometido al proceso de deformación plástica, que provocan las cargas generadas por un rodillo y tampoco se ha profundizado sobre la fundamentación del mecanismo de endurecimiento del material en las condiciones establecidas. Sin embargo Fernández en su trabajo concluye que la capacidad de endurecimiento tiene un comportamiento creciente en la misma medida que aumentan los valores de presión, avance y revoluciones. También demuestra que el mecanismo de endurecimiento es consecuencia del tensionamiento de la estructura cristalina, la reducción del tamaño de los granos y del aumento de la acritud.

Autores como (Westerman, 1983); (Ogburn, 2001); ("American Heller", 2003) y (Elliot Tools Co", 2006), plantean que la deformación plástica por rodillo es más productiva que el bruñido por bola y por diamante. Esta tecnología puede ser usada para aumentar la resistencia de la superficie de la pieza tanto como la disminución de la rugosidad superficial. El aumento de la resistencia superficial sirve principalmente para mejorar el comportamiento a la fatiga de la pieza bajo cargas dinámicas. El mayor campo de aplicación es en piezas como: muñones, ejes, árboles y vías deslizantes.

Otros autores como (El Axir, 1988) hacen referencia dentro del proceso de deformación plástica empleando rodillo, el comportamiento de la dureza y la rugosidad superficial bajo el efecto de la fuerza, el número de pasadas de la herramienta, el avance y la frecuencia de giro de la pieza. En sus trabajos trata materiales no ferrosos como el aluminio comercialmente puro del tipo 2219 – T8751, latón 60/40 y aceros aleados. El propio autor al trabajar otras aleaciones como la de Ti 3Al-8V-6Cr-4Mo 4Zr recomiendan emplear fuerzas superiores a 250 N para lograr un buen acabado superficial y superiores a los 350 N para obtener una alta dureza, utilizar valores de avance entre 0,06 y 0,2 mm/rev y de tres a cinco pasadas de la herramienta, así como un rango de frecuencia de giro de 150 a 230 rev/min. Los resultados obtenidos en la microdureza superficial se encuentran entre 241 y 362 HV y en la rugosidad superficial (Ra) están enmarcados en un rango de 0,5 a 3 µm. En el propio trabajo, (El Axir 1998) propone analizar el efecto de la profundidad de penetración de la herramienta, el tiempo de duración del tratamiento, la dureza superficial inicial y de la velocidad de la pieza en 5 materiales (3 aceros de baja aleación: ASTM A 387, ASTM A 285, ASTM A 455 y dos no ferrosos: aleación de aluminio ASTM 2014 y latón empleando una herramienta con 4 rodillos montados en un centro de torneado horizontal CNC (Control Numérico Computarizado), obteniendo como respuesta la microdureza superficial final y la variación en el diámetro final.

El proceso de deformación plástica superficial por rodillos mejora las propiedades de la pieza, autores como (Nibert, 1987); (Michael, 2002); (Loh, 1989. (a) y (b); (Lee, 1992 y 1993) y (El khabeery, 2003) coinciden en un aumento de la resistencia al desgaste, aumento de la dureza, calidad de la superficie y un máximo incremento de la tensión residual en compresión. Señalando como los parámetros que determinan la calidad superficial: presión, avance, material del rodillo, número de pasadas y material de la pieza.

En el presente trabajo se utilizarán datos y proposiciones obtenidos en la bibliografía consultada para desarrollar el proceso de deformación plástica en frío de los muñones de los ejes, haciendo énfasis en la obtención de su superficie alisada como contribución a dificultar la aparición de grietas superficiales de fatiga y a la elevación de las condiciones para la lubricación.

La naturaleza del desgaste, (Álvarez, 1995), hace que el desgaste adhesivo esté siempre presente en mayor o menor grado en las uniones de rozamiento. En la práctica de ingeniería se conoce también como desgaste por frotamiento; rayado adhesivo; gripado; agarrotamiento; agripamiento; tales denominaciones se deben a la intensidad de desgaste, estado de las superficies desgastadas y tipos de elementos de máquina.

Este tipo de desgaste está presente, entre otros, en los cojinetes de deslizamiento. Los factores que definen el desgaste adhesivo son:

1. Condiciones de lubricación (seco o lubricado); abastecimiento de lubricante; calidad del lubricante.
2. Compatibilidad metalúrgica (solubilidad mutua) de los materiales de la unión tribológica.
3. Microgeometría superficial.
4. Condiciones de trabajo: carga, velocidad y temperatura.

Como tipos de desgaste adhesivo se diferencian los siguientes:

- Por pulido o de fricción por cizallamiento: la unión adhesiva falla por la interfase no produciéndose prácticamente transferencia de metal y la superficie desgastada aparece pulida. Se presenta en materiales de alto grado de incompatibilidad metalúrgica.

- Desgaste adhesivo superficial: característico de pares metálicos con poca compatibilidad metalúrgica sometidos a altas velocidades de deslizamiento (aceros, V: 3 - 4 m/s); grandes presiones de contacto y altas temperaturas superficiales (T: 1500 °C). Se produce durante la fricción seca en superficies contaminadas (capas de óxidos) y durante la lubricación límite, en este caso son necesarios altas presiones que destruyen la película límite (carga crítica del lubricante). El desgaste se caracteriza por presentar una superficie con rayas o surcos poco profundos en dirección del movimiento (profundidad de capa destruida h≤ 100 μm).
- Desgaste adhesivo profundo: ausencia de capa de óxido superficial, superficies pobremente lubricadas; la existencia de superficies no contaminadas; la igualdad de la micro geometría superficial y de composición química; la compatibilidad metalúrgica; las velocidades lentas (aceros, V<1m/s); las altas presiones que superan el límite de fluencia (deformaciones plásticas) son los factores que propician el surgimiento del desgaste adhesivo profundo o atrancamiento. Se caracteriza por presentar una superficie desgastada con surcos profundos con los siguientes parámetros: profundidad de la capa destruida: h≤ 500 μm.

Se debe evitar, en la medida que sea posible, la alta compatibilidad metalúrgica de los materiales. Por ejemplo: par hierro fundido perlítico – hierro fundido perlítico se considera de alta compatibilidad, contaminado y gracias a la existencia de las hojuelas de grafito con una lubricación pobre y no seca, para el caso de rozamiento sin lubricación. . Los pares bronce – acero duro, babbitt – acero se consideran materiales con una cierta tendencia a la adhesión. El par de aleaciones aluminio – hierro fundido se consideran materiales semicompatibles y con lubricación deficiente, cuando trabajan en condiciones de fricción seca.

El par bronce al plomo – acero al carbono se considera de baja tendencia a la adhesión. El par acero blando – acero blando se considera de alta tendencia a la adhesión. El par acero templado – acero templado, en la práctica, se comportan como materiales semicompatibles.

En el caso del presente trabajo se ha tenido en cuenta que al maquinar los muñones hasta que desaparezcan las huellas del desgaste y su acople con un cojinete con dimensiones ajustadas a la medida inicial de los ejes, el relleno de la capa de babbitt es demasiado gruesa y se cizalla en un tiempo de vida útil muy disminuido. Al entrar en contacto directo el bronce al plomo, de la base del cojinete, con el acero del eje, pese a la lubricación (límite con tendencia a mixta) se produce un deterioro con una profundidad que llega a los 200 – 300 μm , lo que hace que se pueda clasificar como adhesivo profundo, pese a que el par de materiales puede clasificarse como de baja tendencia a la adhesión.

Este bronce es de alto costo, por lo deficitario de los metales que participan en la aleación: Cu, Sn, Pb. Esto abre posibilidades al hierro fundido, material tribotécnico, que aunque no alcanza el bajo coeficiente de fricción del bronce, puede sustituirlo en determinadas condiciones, lo que representa una de las hipótesis del presente trabajo.

1.5 Cajas de grasa con cojinete de fricción.

Las cajas de grasa con cojinetes de fricción son el tipo más antiguo de caja usado; se usa mayormente en carros de carga aunque, actualmente, las grandes velocidades de los trenes hacen que su uso sea limitado. Las cajas de grasa con cojinete de fricción han quedado para su uso en vagones de carga que trabajan a bajas velocidades, menores de 60 km/h, lo que es típico de vagones dedicados a la recolección de determinados tipos de cosechas agrícolas, como es el caso, de los carros jaula para el transporte ferroviario de la caña de azúcar, tanto en Cuba como en otros países del área del Caribe y Centro América. Es posible su explotación en otros tipos de cosechas agrícolas o para el transporte de cargas pesadas con bajas velocidades.

En la (figura 1.3), (Estrada, 1983) se observa que estas cajas de grasa se componen del cuerpo (1), cojinete (2), cuña (3), tapa (4), guardapolvo (5) y estopa (6). El cuerpo es la caja fundida con la abertura de ángulos rectos a través de las cuales se colocan o sacan los cojinetes, estopas engrasadas y se chequea el muñón del eje.

La cara anterior de la caja tiene un hueco para el alojamiento de la brida del resorte, y sus caras laterales presentan unos nervios salientes entre los que se deslizan las guías de los pedestales. Las cajas presentan en su cara posterior una abertura circular, para el paso del muñón del eje, que debe ofrecer holgura reducida, lo suficiente como para permitir el descenso de la caja por desgaste del cojinete cuando éste es del tipo de fricción y permitir el levantamiento de la caja para extraer el cojinete sin que el eje llegue a rozar en la caja. La cara posterior está provista de una cámara (guardapolvo), donde se aloja la tapa del guardapolvo. El guardapolvo tiene por objeto tapar el hueco entre el eje y los bordes de la abertura posterior de la caja, para impedir la salida de aceite en el movimiento y evitar la entrada de agua y polvo dentro de la caja. Los guardapolvos pueden ser de una o dos piezas y se componen, a menudo, de una sencilla lámina de madera guarnecida de fieltro. Son estampadas de planchas de acero de un espesor de 2-4 mm; hay tapas que están fundidas de hierro común. (Estrada, 1983)

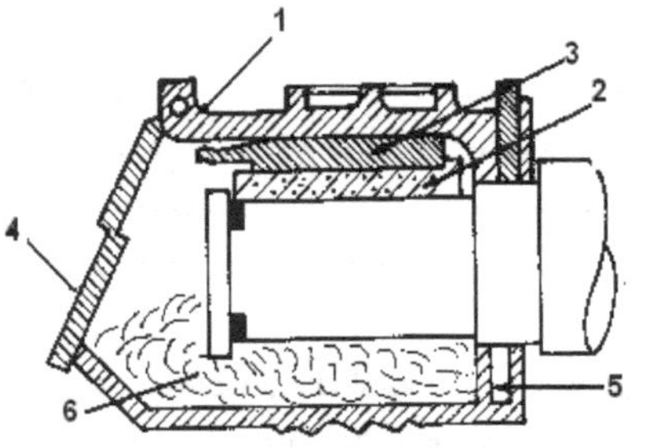

Figura.1.3. Caja de grasa

La caja de grasa transmite la carga vertical (peso); esto se produce a través del cojinete, el cual se la transmite al muñón del eje. Estas cargas regularmente se encuentran entre 40 kg/cm^2 (4MPa) aunque por excepción llegan a ser de 75 kg/cm^2 (7,5 MPa), (Estrada, 1983). La superficie de asiento del cojinete, generalmente, se extiende en un arco de 90 a 120°C, aunque en los carros de carga conviene que el cojinete presente caras laterales lo suficientemente largas como para alojarse bien dentro de la caja y evitar que, con los golpes violentos, puedan salirse de su sitio o girar en los frenazos bruscos. En algunos países, el cojinete abarca un ángulo de 180°C, pero en tal caso, el contacto del cojinete no excede de 120 °C. (figura 2, anexo 1).

El aprisionamiento entre la caja de grasa y el cojinete se realiza de distintas formas. Es frecuente el uso de una cuña (figura 3, anexo 1), entre el cojinete y la caja, que tiene por objetivo facilitar la salida del cojinete por sobre el tope del muñón, retirando aquella después de levantar ligeramente la caja (Estrada, 1983).

1.6 Materiales para la fabricación de cojinetes de fricción.

Tradicionalmente los cojinetes se han fabricado de bronce al plomo y pueden estar compuestos de una sola pieza, es decir, sin metal antifricción o de dos piezas, como es en el caso de los ferrocarriles cubanos. En este último caso, la superficie interior del cojinete se reviste de una capa de metal blando o antifricción, aleación fácilmente fusible, cuyo objetivo es sobre todo, evitar calentamiento o al menos, disminuir sus efectos en caso de agarrotamiento en el muñón, ya que este metal se desprende más fácil que el bronce.

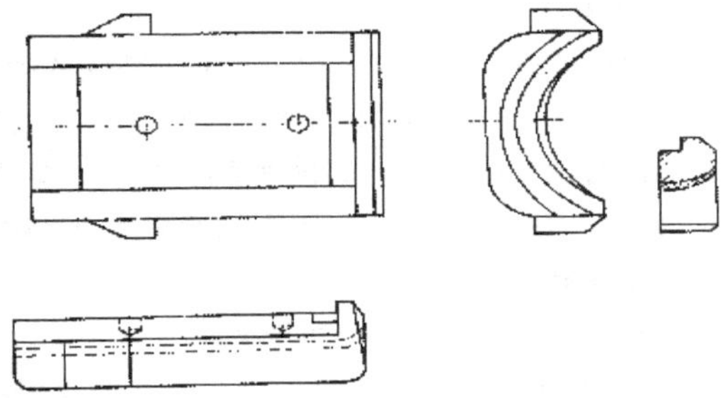

Fig. 1.4. Cojinete de fricción. (Estrada, 1983.pp. 52)

En la (figura 1.4) se observa el diseño de los cojinetes, sus dimensiones se muestran en el plano del (anexo 1), diseño que aún responde a tecnologías presentadas en la primera mitad del siglo pasado, como se demuestra en las únicas patentes reportadas (Repey, 1928) y (Lyons, 1942).

En los cojinetes con metal antifricción, la armazón del cojinete se ha hecho tradicionalmente de acero o de bronce, al que se añade, a veces, algo de zinc para

aumentar fluidez y facilitar la colada. Las aleaciones antifricción (babbit) se componen de un metal duro, como el antimonio, cuyos granos mejoran el coeficiente de rozamiento y otro blando, como el plomo o el estaño, para formar un material plástico que envuelva los granos duros y dar a la aleación maleabilidad suficiente como para adaptarse al muñón y facilitar la repartición de la carga. (Estrada, 1983)
Estos materiales tienen como inconveniente el altísimo y creciente costo internacional tanto de los bronces como de las aleaciones antifriccionales. En el caso de los aceros al carbono, de producirse la pérdida de la capa antifriccional se crearía un roce directo con el material del eje, que provocaría daños en ambos elementos. Por eso, el bronce se extendió y ganó popularidad con rapidez. Su amplio uso en distintas industrias trajo un gran agotamiento de sus elementos componentes, el cobre y el estaño, lo que ha provocado sus altísimos precios en el mercado internacional. De allí que en la mayoría de los países que aún utilizan este tipo de transporte se busque su sustitución. Lo cual es interés también del presente trabajo.

1.6.1 Fundiciones grises aleadas.

La influencia de los elementos aleantes en el hierro fundido pueden dividirse en dos direcciones fundamentales: el estado y distribución del carbono (grafito) y el control de la transformación de la austenita como se señala en (" Key to Steel..(b)"). De acuerdo al efecto de los elementos de aleación sobre el estado del carbono, su acción sobre el proceso de grafitización; puede dividirse en dos grandes grupos: los que favorecen la grafitización (elementos grafitizantes) y los que se oponen a este proceso y además favorecen la formación de carburos (elementos anti grafitizantes).
El proceso de grafitización es muy complejo y la acción de los elementos de aleación no puede ser esquematizada. Como ejemplos de este fenómeno se pueden encontrar el cobre y el níquel los cuales durante la etapa eutéctica se manifiestan como elementos grafitizantes, no así en la etapa eutectoide (Guirchovich, 1998). Elementos como el silicio, aluminio y el fósforo se conocen como grafitizantes, se ha publicado un sistema para la clasificación de estos, Guirchovich los ordenó de acuerdo a su influencia en el proceso de grafitización, siendo el niobio el elemento frontera entre los grafitizantes y los formadores de carburos:

+Si, Al, C, Ti, Ni, Cu, P, Zn, (Nb), W, Mn, Cr, V, S, Mg, Ce, Te, B.

El propio Guirchovich basado en el resultado de sus estudios propuso dos ecuaciones que relacionan el efecto del contenido de los elementos con la constante de grafitización en las etapas de transformación eutéctica (ecuación 1) y eutectoide (ecuación 2).

$$K'g=C\,[Si - 0.2\,(Mn-1.7S-0.3)+0.1P+0.4Ni-1.2Cr+0.5Al+0.2Cu+0.4Ti-0.4Mo-2V-8Mg] \quad (1)$$

$$K''g = C\,[Si - 0.2\,(Mn -1.7S-0.3)-0.2P-0.25Ni-1.2\,(Cr + Mo)-0.8Cu+0.4Ti-4V-8Sn] \quad (2)$$

Estas expresiones muestran el efecto de los elementos de aleación sobre el contenido de carbono y permiten además predecir de acuerdo a la composición química de una aleación la forma en que se manifestará el carbono.

Otra expresión empleada por los tecnólogos y especialistas en fundición para mostrar la influencia del carbono y el silicio en el hierro fundido es el carbono equivalente (CE). Varios son los autores que señalan que el carbono equivalente de los elementos depende fundamentalmente del contenido de C en el hierro fundido. (Guirchovich, 1989); (Avner, 1990) y (Sil'man, 2002). Lo que se confirma en trabajos publicados como (" Mechanical Properties of Gray Iron", 2001).

Las fundiciones aleadas se clasifican en tres grupos según (Janowak, 1987). De baja aleación cuando el total de aleación no supera el 3%, de media aleación cuando está entre 3 y 10 % y de alta aleación cuando supera el 10 %. Las normas (ASTM 319), restringen a sólo dos grupos la clasificación de los hierros fundidos aleados.

Un primer grupo, que se caracteriza por tener pequeñas cantidades de Ni, Cr, Mo y Cu, generalmente en porcentajes inferiores al 5%. En general, son fundiciones de alta resistencia a la tracción, de 250 a 500 MPa. Suelen ser de estructura perlítica, sorbítica, bainítica o martensítica. También pertenecen a este grupo de fundiciones de baja aleación aquellas con 1 a 2% de cromo, resistente al calor y las fundiciones martensíticas muy resistentes al desgaste. En un segundo grupo se suelen agrupar las fundiciones muy resistentes al desgaste, al calor y a la corrosión y cuya micro estructura suele ser austenítica o ferrítica.

Estas fundiciones suelen contener cantidades de níquel, cromo, molibdeno y cobre en porcentajes generalmente inferiores al 1,5%. En estas fundiciones de gran resistencia, es frecuente que los elementos aleados estén en la proporción de una parte de cromo y dos o tres partes de níquel. El cobre y el molibdeno, en general, suelen encontrarse en cantidades relativamente pequeñas, empleándose estos elementos unas veces solos y otras con níquel o cromo, y con ambos a la vez. En ocasiones, mucho menos frecuente, estas fundiciones contienen también pequeñas cantidades de titanio y vanadio, que son añadidos principalmente para conseguir disminuir el tamaño de las láminas de grafito o para afinar la matriz y para mejorar también la resistencia al desgaste.

Con referencia a las fundiciones grises aleadas con aluminio se suelen clasificar como antifriccionales, a causa de la alta dureza adquirida por el Al, más de 8%. No se reportan aleaciones comerciales con bajo contenido de aluminio, ya que la resistencia al desgaste la buscan mediante la elevación de la dureza. Un inconveniente en estas aleaciones lo constituye su gran oxidación lo que trae como consecuencia escorias densas y difíciles de eliminar. Guirchovich y otros autores hacen hincapié en que el contenido de aluminio hasta 4% provoca una estructura de ferrita y grafito libre en la fundición gris, si el Si se encuentra en bajas cantidades.

1.6.2. Efecto de los principales elementos aleantes sobre el hierro.

El silicio tiene una red cúbica centrada en las caras con parámetros (a = 5.4307 Å) y una temperatura de fundición de 1410 °C según (Guliaev, 1983) y (Askeland, *1993)*. En estudios realizados por (Krause, 1989) y (Janowak, 1987) se ha demostrado que este elemento disminuye la solubilidad del carbono en la austenita y favorece la difusión del carbono, por lo que incrementa la formación de grafito a partir de la descomposición de los carburos primarios. El silicio presenta una solubilidad de alrededor del 15 % en el hierro a los 20^0 C, además eleva el punto A_3 y baja el A_4 cerrando la cuña que forma la región gamma. El silicio se necesita por dos razones en los hierros fundidos. Una pequeña cantidad para garantizar la fluidez del fundido y garantizar la producción de una escoria fácil de eliminar, pero además por su efecto sobre la dureza. (Janowak, 1987) señala que éste tiene un efecto negativo en las fundiciones grises, porque favorece la formación de ferrita libre y, reduce la dureza

de la perlita como consecuencia de su formación a una temperatura más alta, produciendo una perlita basta acentuando su efecto negativo sobre la resistencia. En los diagramas de Fe-Mn presentados por (Guliaev, 1983) y (Anderson, 1998) se muestra como el manganeso tiende a abrir la zona de la austenita. El manganeso en cantidades superiores a la necesaria para compensar el azufre, retarda la formación de ferrita y afina moderadamente la perlita. Es un fuerte promotor de ésta última ya que estabiliza la austenita al aumentar la solubilidad del carbono en ella, además de reducir la temperatura de equilibrio de formación de ferrita. (Anderson, 1998)
Cuando se emplea níquel en una aleación con el objetivo de evitar la transformación perlítica es necesario tener en consideración los niveles de manganeso, debido a que ambos poseen una tendencia similar, factor a tener en consideración en aplicaciones prácticas, como por ejemplo en aleaciones donde esté limitada la cantidad a añadir de ambos elementos y donde el efecto común de otros elementos de la aleación permita el empleo de ambos. Este fenómeno nos confirma la importancia que tienen las interacciones entre los elementos de aleación en los hierros fundidos, y no ver sólo la influencia de cada uno de ellos por separado. (Janowak, 1987). Sin embargo, el papel primario del manganeso en las aleaciones ferrosas es su efecto sobre el azufre, ya que este tiene mayor afinidad con el manganeso que con el hierro, formando el sulfuro de manganeso, que se elimina con la escoria, favoreciendo a las propiedades mecánicas. Muchos autores entre los cuales se encuentran (Anderson, 1998); (Shackelford, 1996) y (Askeland, 1993) señalan que la cantidad necesaria de manganeso para neutralizar el azufre se puede calcular a través de la expresión (%Mn = 1.4%S+0.3). El exceso del manganeso sobre esta cantidad es la que puede considerarse como elemento aleante del hierro, este aspecto no es considerado por Sil'man al calcular el CE de este elemento, lo cual provoca errores en la relación a la cantidad de este y su influencia como elemento aleante, cuando el manganeso durante el proceso de grafitización se opone a la formación del grafito y además tiende a estabilizar la fase de carburo, aunque hay que señalar que la última tendencia no es tan acentuada como en el caso del cromo. La granulometría del ferromanganeso a emplear varía desde

13mm hasta 0.84mm o menor, este último apropiado para adicionar en la cuchara, como se refiere en ("Coppola Handbook", 1999)

La recuperación del manganeso cuando este se adiciona en la cuchara depende no sólo de la forma en que se adiciona, sino también de la temperatura de la fusión, la cual debe de estar por encima de 1400 ^{O}C. Cuando se cumple con las exigencias la recuperación excederá del 90% ("Coppola Handbook", 1999)

El níquel tiene una red cúbica centrada en las caras con parámetros (a = 3.5167 Å) muy próximo al del Feγ (a = 3.6468 Å) según (Guliaev, 1983) y (Askeland, 1993), factor que permite la ocurrencia de una serie de soluciones sólidas continuas entre el Feγ y el níquel. El sistema Fe-Ni al igual que el manganeso tiende a abrir la zona γ, además provoca que la transformación de la austenita se produzca por el mecanismo martensítico, inhibiendo la transformación perlítica, proceso que en ("Key to Steel. Cast Irons, (c)") se señala y confirma que en espesores de 38 a 50 mm, para restringir la formación de la perlita, solo es necesario que el níquel se encuentre entre 3.4 y 4.2%. En la transformación eutéctica el níquel incrementa su acción grafitizante como señala ("Key to Steel. Cast Irons, (c)").

El níquel se adiciona en la cuchara cuando los hierros que se producen contienen hasta un 2%, esté en forma de perdigones lo cual mejora la solubilidad. ("Coppola Handbook", 1999)

El cobre es un elemento de transición con una red cúbica centrada en las caras y una temperatura de fusión de 1083 °C según (Guliaev, 1983) y (Askeland, 1993) tiene los orbitales 3d completos por lo que esto explica su efecto grafitizante, junto al níquel tiende a abrir la zona γ del sistema Fe-Cu aunque su solubilidad es limitada en el hierro (cercana al 3%), la presencia del silicio disminuye significativamente la solubilidad de este elemento (Avner, 1990). En la ("Key to Steel Cast Irons, (c)") se describe que con el cobre se deben tener los mismos cuidados que con el níquel, pues éste tiende a aumentar la cantidad de austenita retenida lo que va en deterioro de la dureza. Por su parte (Janowak, 1987) propone su empleo junto al molibdeno para reforzar el efecto de este último en la obtención de estructura acicular, acción que el níquel cumple también. Según datos reportados por (Buchholtz, 1960) en la solución sólida eutectoide solo se encuentra un 2.3% de cobre.

El cromo tiene una red cúbica centrada en el cuerpo, con parámetros (a =2.8846Å) isomorfa al Feα a =2.8664Å), según (Guliaev, 1983) y (Pearson, 1987); estos autores plantean que cuando las concentraciones de éste alcanzan el 13% cierra la zona α del diagrama Fe-Cr. El cromo es un elemento con una gran tendencia a la formación de perlita en matrices de hierro fundido. Es también anti grafitizante, aunque en ocasiones es utilizado en concentraciones entre 1.4 y 3.5%, para neutralizarle este efecto al níquel, silicio y otros elementos grafitizantes según se plantea en ("Key to Steel. Cast irons, (c)*"*). Otra de sus influencias es formar y estabilizar a los carburos (Petty, 1988). Para las adiciones de Cr en la cuchara, hasta el 2 %, se emplea el ferrocromo con una concentración de 66 a 70 % de cromo y entre 1 y 2 % de silicio, el cual es triturado en pedazos entre 2 y 0.84 mm, si se cumplen todos los requisitos se puede obtener un rendimiento de hasta el 85 %. El silicio y el manganeso favorecen la solubilidad del cromo y aseguran un mejor aprovechamiento del rendimiento del ferrocromo, además el silicio lo protege de la oxidación como consecuencia de la mayor afinidad con éste que con el oxígeno, como señala ("Copola Handbook", 1999). En nuestro país se han desarrollado tecnologías para la obtención de ferrocromo a partir de la cromita cubana, obteniéndose excelentes resultados, como se reporta por (Perdomo, 2000).

1.6.3 Efecto del aluminio como aleante del hierro.

El aluminio tiene una red cúbica centrada en las caras con parámetros (a = 4.04958 Å) y una temperatura de fusión de 660 °C según (Guliaev, 1983). Varios son los sistemas aleantes formado por este elemento, entre ellos el Fe-C-Al el que se ha estudiado en condiciones meta estables, el aluminio presenta una solubilidad buena en la ferrita, regular en la austenita y muy mala en la cementita, (Callister, 2003). En sus estudios relacionados con el tema ha demostrado que el aluminio junto al hierro forma el carburo Fe_3AlC_x.

En (Guirchovich, 1998) se describe la influencia del aluminio en el sistema ternario C - Si – Al (figura 1.5), donde el aluminio en concentraciones hasta 4% forma ferrita y grafito, mientras entre 4 y 24 %, se convierte en un potente perlitizante.. Este comportamiento sólo es válido cuando ∑ Si, Mn, P, S ≤ 1.5.

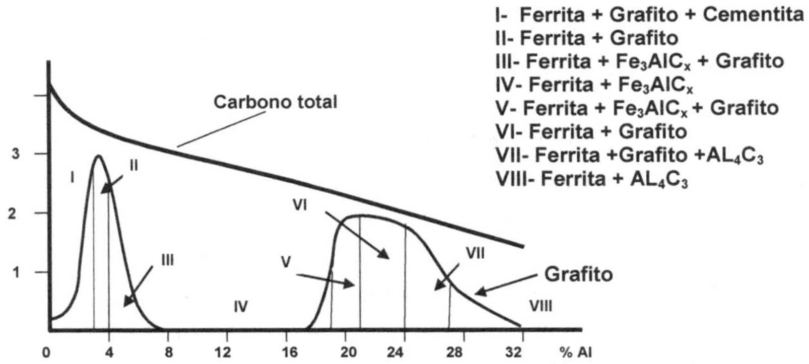

Fig. 1.5. Influencia del aluminio en los hierros fundidos. (Guirchovich, 1998)

Condición para la cual el silicio disminuye la zona de transformación eutéctica en el diagrama meta estable y la abre en el sistema estable. En los rangos de 10 - 20 % y más de 26% se convierte en anti grafitizante, dando lugar al carburo Al_4C_3.

Según lo referido en ("ASTM A 319". 2002), los hierros aleados al aluminio se dividen en dos grupos: los hierros grises y los hierros dúctiles. El grupo de baja aleación contiene de 1 a 7% Al, y el aluminio esencialmente reemplaza al silicio como el elemento grafitizante en estas aleaciones. El grupo de alta aleación contiene de 18 a 22% de aluminio. Los hierros aleados con aluminio entre estos dos rangos son hierros blancos de fundición y no tienen importancia comercial.

El aluminio refuerza significativamente la resistencia a la oxidación a las temperaturas elevadas y también aumenta la estabilidad de la fase ferrita a muy altas temperaturas, incluso superiores a 980 ^{0}C (1800 ^{0}F). Como los hierros aleados al silicio, los hierros al aluminio forman un óxido adherente y compacto en la superficie de la pieza que es muy resistente a nuevas penetraciones de oxígeno.

Un problema tecnológico que se presenta durante el proceso de fundición, cuando se emplea el aluminio como elemento aleante, es que este es muy reactivo a las temperaturas de fusión del hierro fundido por lo que el contacto con el aire y la humedad deben ser muy bajos. Debe tenerse cuidado de no romper la capa de óxido que se forma durante el vertido del metal en el molde para evitar las inclusiones de la escoria. En la actualidad no hay ningún estándar de la ASTM, cubriendo la composición química y las propiedades de estas aleaciones, y la producción comercial es muy limitada.

En otros trabajos relacionados con la temática se plantea que los hierros fundidos aleados que contienen cantidades de aluminio entre los rangos de (6 a 7 %), (8 a 25%), y de 12 a 25 % Cr reportan tener una considerable mejor resistencia a la formación de escamas que otros hierros aleados, incluyendo los tipos de alto silicio. Estos hierros han sido poco usados comercialmente debido al carácter quebradizo y su pobre capacidad de copia.

1.7 El hierro fundido y el desgaste.

Entre los mecanismos de desgaste que aparecen en pares sólido-sólido según señalan en ("Friction, Lubrication and Wear Technolog", 1992); (Vázquez, 1997) y (Kragelsky, 1981) se encuentran: desgaste abrasivo, adhesivo, mecánico – corrosivo, erosivo, por oxidación dinámica, por fatiga y otros. Aseguran que la sustitución de los elementos de máquinas de la industria y del transporte está aproximadamente en el 50 % y la consecuencia fundamental es el desgaste.

Es conocida la influencia que tiene en la resistencia al desgaste adhesivo el incremento de la dureza. Partiendo de esta relación (Suzuki, 1981) propuso un hierro fundido aleado al sistema Cr-Mo-Ni-Cu, con un nivel de aleación próximo al 5%, el que fue modificado con calcio, el mismo fue utilizado para la fabricación de piezas como cilindros, bloques de cilindros y cigüeñales, (Cisneros, 2001) y otros investigadores, han demostrado que micro constituyentes duros dispersos en una matriz blanda pueden distribuir uniformemente la carga aplicada sobre la superficie en contacto del par. Ejemplos que confirman estos trabajos son las aplicaciones de materiales compuestos tales como matriz blanda (aleación base plomo) con refuerzo de partículas de bronce (Cisneros, 2001). Otros ejemplos, son los hierros fundidos con alto contenido de fósforo, pues la aparición de una red dura de esteadita provoca la aparición de puntos de alta dureza lo que provoca una buena resistencia en presencia de cargas moderadas. (Callister, 2003).

Otra solución fue la planteada por (Green, 1992), que propuso un hierro fundido para ser aplicado en sistemas basculantes. Su propuesta se refiere a la aplicación de un enfriamiento rápido del metal, de esta forma se obtiene una matriz perlítica, de una relativamente alta dureza con la aparición del grafito como estructura blanda. La combinación de micro constituyentes duros combinados con materiales más blandos fue propuesto también por (Koie, 1991), él obtuvo un hierro fundido aleado en el sistema Ni-Cr-Mo-B, con un nivel de aleación próximo al 7%, la presencia del níquel entre el 3 y 5 % promueve la formación del grafito además de mejorar la matriz; la presencia del cromo se utiliza en porcentajes que refuercen la resistencia al desgaste pero que no frene la grafitización.

Entre los investigadores a nivel mundial que han trabajado en la búsqueda de materiales nuevos resistentes al desgaste, se encuentra (Tian, 2002), quien llegó a la conclusión de que para cada aplicación particular es necesario elegir el material que minimice el desgaste. En este sentido es que muchas fundiciones han sido desarrolladas a través de diseños experimentales de composición química, tecnología de obtención, técnica de fundición, aleación y tipos de moldes, así como también técnicas de tratamiento térmico para mejorar sus propiedades (Pino, 2005). Es importante tener en cuenta las condiciones reales de un taller o región, tales como la factibilidad de las materias primas e instalaciones, con el objetivo siempre presente de obtener las piezas con los menores costos de producción asociados.

Como se observa, en todos los casos, la solución buscada fue aumentar la dureza de la estructura, aunque en algunos casos positivos se ha pensado en permitir cierta manifestación de grafito libre. Ante estas soluciones, cuando se da el caso de un par cinemático, si uno de los miembros eleva la dureza, el otro tiene que ser sustituido o mejorado en ese aspecto. Esto no siempre es posible, ya sea porque no lo permite el equipo o proceso tecnológico de que se trate o que provoque costos adicionales no deseados. En el presente trabajo se ha considerado que también es posible, usando la grafitización obtener comportamientos ante el desgaste adhesivo en fundiciones grises aleadas, bajo condiciones similares, próximos a los del bronce. Mantener alta resistencia al desgaste, sin elevar la dureza por encima de los límites relativamente bajos, que exige la pieza costosa que forma parte del par. Máxime si la unión es lubricada.

Se ha demostrado experimental y teóricamente que la dureza del material está correlacionada con el grado de abrasión. Autores como Krushochov realizaron un gran número de pruebas y demostró que existe una relación inversa entre el grado de abrasión y la dureza del recocido para materiales puros. Sin embargo esta relación está condicionada por diversos factores entre los que se encuentran, la composición química, la dureza y la micro estructura, lo que ha sido demostrado por (Gundlach, 1979). En este estudio se demuestra que la dureza no es tan importante como la micro estructura de la matriz en el control de la resistencia a la abrasión de un hierro blanco, lo cual es cierto si tenemos en cuenta que la dureza de un hierro fundido es en sí la resultante de las micro durezas de las micro estructuras presentes en el mismo (Avner, 1990). También (Gundlach, 1979) demostró que contenidos de molibdeno combinado con níquel, cobre y manganeso dan lugar a la obtención de fundiciones con excelente resistencia a la abrasión.

Aspecto importante a la hora de diseñar una pieza es el material que se ha de emplear, a su vez éste debe satisfacer las solicitudes de explotación, como se señala en el ("Iron Casting Handbook, 1998), el cual plantea que la resistencia al desgaste no es una propiedad específica de un metal o aleación, sino que ésta depende de las condiciones de explotación y la relación entre la micro estructura y el tipo y las características del material con el que está en contacto durante la explotación. En la misma fuente se refiere que la vida útil de la pieza depende de la capacidad de ésta de mantener la funcionalidad con la mínima pérdida de material.

También en el presente trabajo se entiende que la composición de la micro estructura y su control son factores claves en el momento de decidir sobre el desgaste de las fundiciones. Se parte del criterio de que se puede dirigir la grafitización, pero que es necesario introducir un elemento que permita no variar, significativamente, los contenidos de C, Si y Mn de la aleación, a fin de no afectar considerablemente las otras propiedades exigidas, fundamentalmente, la resistencia mecánica y una buena resistencia al desgaste adhesivo con el mínimo daño al muñón del eje. En tal dirección se considera al aluminio, pero en cantidades mínimas, como muy apropiado.

1.8 Conclusiones parciales.

1. En la bibliografía revisada no se encontró referencia de fundiciones comerciales antifriccionales con pequeños contenidos de aluminio (0 – 4 %). Tampoco se encontró en la bibliografía ni en la búsqueda de patentes referencias al reacondicionamiento de ejes para pares de ruedas, donde se establezca un sistema de pasos con el ajuste de diámetros y cojinetes pre diseñados para esas dimensiones. Asimismo, en la búsqueda de patentes no se encontró referencias sobre dispositivos adaptados a los tornos horizontales, para el rodillado de los muñones de los ejes ferroviarios.
2. De la literatura consultada se recogen las siguientes recomendaciones para combatir el desgaste adhesivo entre superficies metálicas en fricción: acercar el valor de la dureza de ambas superficies; alisar las superficies con el fin de que se reduzca la posibilidad de que las asperezas se unan, proporcionando un desgaste más lento y de la presencia en la fundición de hierro gris de hojuelas de grafito que proporcionan una excelente auto lubricación en las superficies, particularmente cuando la matriz es perlita en lugar de ferrita suave.
3. Se decidió, con base a sus ventajas, el tratamiento de rodillado de la superficie de los muñones de los ejes para alisar las asperezas dejadas por el torneado.
4. La fundición gris aleada con aluminio, que se diseñe para la base del cojinete, puede tener una matriz predominantemente perlítica, dura y resistente con inclusiones blandas de grafito y cantidades relativamente bajas de ferrita, de forma tal que se puede obtener una combinación de altas propiedades mecánicas y tribológicas pero con una dureza limitada a parámetros que no afecten significativamente al otro elemento del par de fricción.
5. Del análisis de la bibliografía se decidieron las acciones a tomar que están reflejadas en la figura 2,1 y que se describirán y ejecutarán en el próximo capítulo.

Capítulo 2

CAPITULO 2

ORGANIZACIÓN DE LA INNOVACIÓN. MATERIALES Y MÉTODOS.

1. Introducción.

Para asegurar el movimiento del vagón y evitar la destrucción de la vía férrea los pares de ruedas deben satisfacer las siguientes exigencias: (Estrada, 1983).

- Deben ser estables y resistentes al desgaste.
- Deben tener poco peso.
- Deben poseer alguna elasticidad para disminuir el ruido y reducir los golpes que recibe el vagón en su movimiento.

Las principales irregularidades con las cuales no se permite su circulación son: (Estrada, 1983).

Grietas; desgastes excesivos; deformaciones; dobleces; roturas; quemaduras y otros que aparezcan y afecten sus propiedades mecánicas, forma geométrica o dimensiones. Cuando las irregularidades señaladas anteriormente son de carácter excesivo, se convierten en defectos por lo que existen normas establecidas que regulan el uso de los ejes y sus ruedas. En Cuba, desde el primero de enero de 1993 está en vigor la Norma Ramal del Ministerio del Transporte sobre la actividad ferroviaria (NRMT) 119 de 1992 y como complemento de la misma la Resolución del FCDG – 204 – 96. (Norma NRMT, 1996).

Los ejes tienen sus muñones encerrados en unas cajas denominadas cajas de grasa, las que se describieron en el epígrafe 1.5.

En el presente capítulo se analizará el sistema formado por el eje y los cojinetes planos. El eje sufre las consecuencias de las interacciones con el par de ruedas que están prensadas sobre él. Sin embargo es la zona de los muñones del eje la que más se afecta durante la explotación, al perder sus cualidades superficiales, forma o dimensiones, ya que es en esta zona donde se produce la interacción directa eje - cojinete.

La superficie inferior del muñón está en contacto con la almohadilla la cual es la encargada de lubricarlo durante el movimiento. En la tabla 2.1 se describen las características del lubricante utilizado, las mismas responden a la norma cubana vigente. Es importante destacar las características del lubricante que se emplea, teniendo presente el tipo de lubricación utilizada y las condiciones de trabajo ya descritas anteriormente.

Tabla 2.1. Características del aceite de carro.

Viscosidad 100 ^{0}C. (cSt)	Temperatura de inflamación (^{0} C)	Densidad (15^{0}C)	% de agua
16 – 19	190	0,866	0,1

Esta película se pierde al paralizarse el vagón y al comenzar el movimiento, la interacción o fricción entre el eje y el cojinete se produce casi en seco, con restos de película lubricante. De allí que, en general, la lubricación del cojinete se considera límite variando a mixta. Ambos elementos del par de fricción tienen una altísima importancia desde el punto de vista técnico y una gran influencia sobre los costos de mantenimiento de los vagones ferroviarios (jaulas) para el transporte de la caña de azúcar. Es por ello que el aumento de la vida útil de cada uno de los elementos, en particular y del sistema en general, así como su reacondicionamiento son los principales objetivos del presente trabajo, lo que redundará en la disminución de los costos.

2.1 Organización de la innovación del sistema eje – cojinete plano.

Los ejes usados en los ferrocarriles cubanos son de importación y su precio se ha ido elevando en el mercado internacional. Antiguamente se importaban de los USA y sus dimensiones, en particular de los muñones, se regían por las normas de la American Association of Railways (A.A.R.). (Estrada, 1983).

Posterior al triunfo de la Revolución el país comenzó a importar ejes de diferentes nacionalidades: rusos, coreanos, vietnamitas y en los últimos nueve años la totalidad

ha sido de fabricación china. Pero todos se rigen por las mismas normas de la A.A.R.
En el presente trabajo se analizará el eje tipo B, según la clasificación reportada por Estrada (1983), con una dimensión del muñón de 107,95 x 193,2 mm (4 ¼ x 8") por ser el más generalizado en los carros jaula para el transporte de la caña de azúcar.
Los ejes se encuentran sometidos a un sistema de cargas compuestas que pueden actuar de manera simultánea o no. Se identifican las fuerzas verticales y horizontales que resultan del peso y carga del vehículo (ver figura 2.2). Estas cargas toman un carácter dinámico debido a las irregularidades que se producen en su desplazamiento sobre la vía, generando oscilaciones de los muelles del sistema de suspensión y la repartición desigual de la carga sobre las superficies que la soportan.
Se producen también cargas en la dirección longitudinal del eje, que son resultado de la fuerza centrífuga que aparece en tramos curvos de la vía. En tramos rectos también se manifiesta este tipo de carga debido al movimiento de serpenteo que adquiere el vagón en marcha.
Por otra parte, la unión rígida que existe entre el eje y la rueda provoca que ambos elementos giren a la misma velocidad angular. Este tipo de unión es ventajosa para tramos rectos, ya que el vehículo va a desplazarse sobre el centro de la vía. Sin embargo, en los tramos curvos la rueda exterior tiene un mayor desplazamiento lineal que la interior. La conicidad de la pisada de la rueda ayuda a contrarrestar este efecto; la fuerza centrífuga provoca que la rueda exterior se apoye sobre el carril en la parte cuyo radio es mayor que el correspondiente al apoyo de la rueda interior, y posibilita que ambas ruedas giren a la misma velocidad angular y con el mismo número de vueltas. (Estrada,1983) Este mismo autor refiere que la conicidad del perfil de la pisada de la rueda respecto al carril, tomando como referencia el plano vertical es 1:20.
En el proceso del movimiento del vagón las ruedas están constantemente en contacto con la vía. Al frenar el vagón, las ruedas se ponen en contacto con la zapata de freno, mediante una transmisión por palanca. Como el área de fricción entre la zapata y la rueda es superior a la de la rueda y el raíl, puede ocurrir el deslizamiento

de la rueda en el punto de contacto de la superficie de rodamiento y la cabeza del raíl. En estos puntos se producen deformaciones en la rueda por desprendimiento de material. Las fuerzas de frenado se transmiten al vagón a través del eje.

El sistema de cargas analizado anteriormente provoca la salida de explotación de los ejes en un tiempo relativamente corto, provocando daños superficiales en el par cinemático (muñón – chumacera). Las condiciones de montaje y explotación también tienen incidencia desfavorable en la superficie del muñón. En resumen, los ejes salen de explotación por desgaste en los muñones sin que la fatiga interna sea apreciable. Su vida útil puede ser aún muy prolongada antes de que tenga que retirarse por grietas internas de fatiga. En los patios de los talleres ferroviarios de nuestro país se encuentran disponibles un número significativo de ejes con defectos superficiales en los muñones. Si estos ejes se someten a un análisis primario de defectación mediante ensayos no destructivos, es posible comprobar su estado. De ser favorable, entonces es posible realizar su reacondicionamiento para recuperar la forma geométrica de los muñones, la calidad superficial y con nuevas dimensiones adecuadas para retornarlo a explotación.

Así que la primera decisión de la organización de la innovación es someter el eje a un proceso de reacondicionamiento.

Los cojinetes planos no se fabrican de acuerdo a las dimensiones de los muñones de los ejes. En los talleres, una vez maquinados los ejes a las nuevas dimensiones, se rellena la capa de rodamiento de los cojinetes. Esta capa, que no debe exceder los tres milímetros de espesor, alcanza valores comprendidos entre 8 y 10 mm, e incluso puede darse el caso que sea superior a 10 mm. Las capas antifriccionales con estos espesores presentan una baja resistencia al cizallamiento y se desprenden de la base del cojinete, y en este caso el muñón entra en contacto directo con esta base.

Por lo que en el presente trabajo se tomó la decisión de **crear escalones de reacondicionamiento para los muñones y para cada escalón fabricar el cojinete adecuado dimensionalmente**, a fin de lograr que la capa de rodamiento se mantenga en los límites de 1 – 3 mm de espesor.

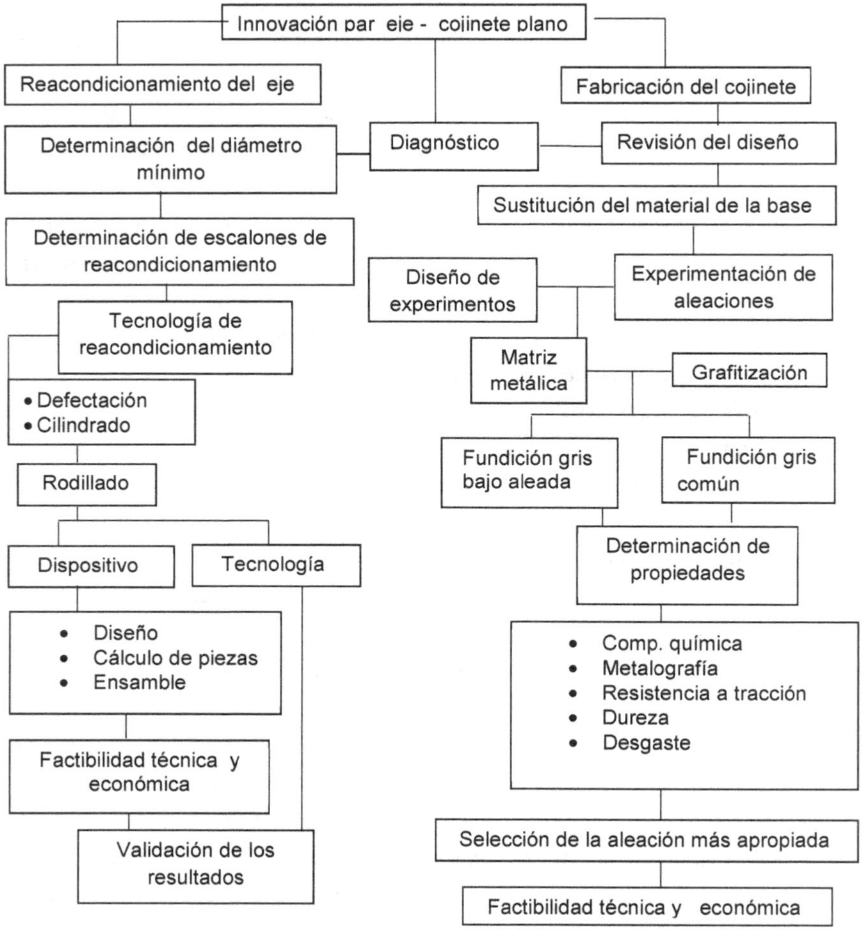

Figura 2.1. Organigrama de la innovación del sistema par – cojinete plano de los carros ferroviarios para el transporte de la caña de azúcar.

Además, los cojinetes planos, ya sean adquiridos en el extranjero o elaborados en Cuba, siempre se han fabricado con la base de bronce. Si se tiene en cuenta que la base tiene un peso de 5 kg, el volumen de material es considerable y se encarece notablemente el producto. Por lo que se decidió cambiar el material de la base, proponiéndose diseñar una fundición gris bajo aleada con aluminio. La organización de la innovación del sistema eje – cojinete plano que se decidió realizar se muestra en el organigrama de la (figura 2.1).

2.2. Análisis de la distribución de las fuerzas externas actuantes en el eje y en el par de ruedas.

A partir del análisis de las cargas efectuado en el epígrafe 2.1, y de la literatura consultada (Estrada, 1983), las fuerzas principales que se consideran al calcular el eje del par de ruedas del vagón son:

- El peso del vagón.
- El peso de la carga.
- La fuerza centrífuga generada en tramos curvos.
- La fuerza del viento.
- La fuerza de inercia durante el frenado.
- La fuerza que surge por la presión que ejercen las zapatas de freno en la superficie de rodamiento de las ruedas.
- La fuerza producida por las oscilaciones de los vagones sobre los resortes.
- La fuerza que surge al pasar los pares de ruedas por los cruces y cambiavías.

Existen varios métodos para el cálculo de los ejes, árboles y par de ruedas de los equipos ferroviarios. De acuerdo a lo planteado por Shadur (1980) y Jerez (1981) para los ejes y árboles se establecen que los cálculos se realicen en tres secciones diferentes: centro del muñón, círculo de rodadura de las ruedas y centro del eje. El autor decidió realizar los cálculos sólo para el centro del muñón ya que las restantes secciones se mantienen invariables.

La metodología de cálculo utilizada es la propuesta por el Instituto Científico Ferroviario de la URSS ("Comisión 6 (Vagones) de la OCF", 1988). En la (figura 2.2) se muestra el esquema de distribución de las fuerzas que actúan sobre el par de rueda.

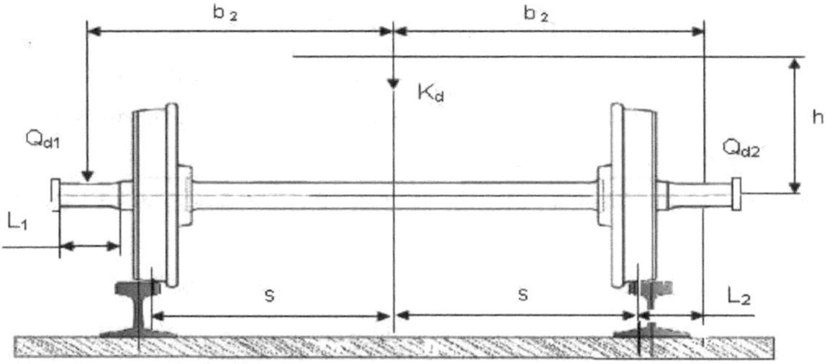

Figura 2.2. Esquema de las fuerzas que cargan al par de ruedas.

Para el procesamiento de los cálculos se utilizó el programa MathCad 13, para determinar el diámetro mínimo del muñón a partir de las cargas actuantes, según "Cálculos para la Construcción de Vagones", (1970).

Donde:

Q_{d1} : Carga dinámica en el muñón cargado.

Q_{d2} : Carga dinámica en el muñón descargado.

L_1 : Longitud del muñón.

L_2 : Longitud desde el centro de rodadura al centro del muñón.

S : Longitud entre los centros de rodadura.

2b : Longitud entre los centros de los muñones.

h: Altura del centro de gravedad del vagón.

K_{dv}: Coeficiente de carga dinámica vertical.

2.3. Cálculo de comprobación del diámetro mínimo del muñón por la condición de resistencia.

Datos:

Longitud del muñón: L_1 = 203,2 mm

Distancia del centro del muñón al círculo de rodadura: L_2 = 275 mm

Distancia entre el centro de masas del vagón y el eje. h =1450 mm

Distancia entre el centro del muñón y el centro del vagón: b_2 = 949,33 mm

Coeficiente de carga dinámica vertical: k_d = 1,25

Radio de la rueda: r = 419,7 mm

Capacidad de carga del vagón: P = 300 kN

Tara del vagón: T= 222,6 kN

Peso estimado del par de ruedas: q = 9,23 kN

Límite de resistencia a la tracción para el material del eje AISI – SAE 1045 según (Pisarenko, 1989) se encuentra en el rango $(610 - 750 \cdot MPa)$, por lo que se selecciona $\sigma_P = 610 \cdot MPa$.

En la (tabla 4, anexo 2) se describen los parámetros de la metodología propuesta por el Instituto Científico Ferroviario de la URSS ("Comisión 6 (Vagones) de la OCF", 1988), los resultados de los cálculos realizados se exponen en la (tabla 2.2).

Tabla 2.2. Resultado del cálculo

Parámetro	Resultado
Carga estática sobre el eje descontando el peso del par de ruedas	$Qest = 56{,}095 \cdot kN$
Carga dinámica en el muñón 1. Muñón más cargado	$Qdin_1 = 155{,}798 \cdot kN$
Cálculo del momento flector considerando sólo la sección del muñón 1.	$M_1 = 15{,}829 \cdot kN \cdot m$
Coeficiente dinámico horizontal	$kdh = 1{,}527$
Diámetro requerido por el muñón 1	$d_1 = 85{,}026 mm$

El diámetro calculado (85,026 mm) para la sección del muñón del eje ha resultado ser inferior que el escalón mínimo seleccionado para el eje y que a su vez, es el recomendado según la norma A.A.R , que es de 95.25 mm.

Valoración de la resistencia del eje en régimen de carga no estacionario por el método desarrollado en ("Comisión 6 (Vagones) de la OCF", 1988).

2.3.1 Cálculo del coeficiente de reserva según criterios de fatiga.

El cálculo se realiza sobre la base de encontrar el coeficiente de reserva de resistencia del material del eje, determinado por la relación entre el límite de resistencia a la fatiga (σ_{fat}) con la tensión equivalente (σ_{eq}) en la sección calculada, teniendo en cuenta el régimen no estacionario de carga.

El coeficiente recomendado para equipos de carga es de (1.3 - 3.0) de acuerdo a lo planteado por (Jerez, 1981).

Para la determinación del límite de fatiga se han desarrollado métodos empíricos como el que aparece en el tomo II del libro de Resistencia de Materiales, de Fernández - Levy (1987).

Se considera que el tipo de variación de carga para el caso del eje que predomina se corresponde con un ciclo simétrico. Si se define un punto de referencia en la superficie del elemento, la carga que sobre él actúa tomará valores máximos positivo y negativo, pasando por el eje de coordenadas donde se hace cero.

En función de considerar el ciclo simétrico, se puede determinar el valor de la tensión límite de fatiga a partir de la ecuación (2.1)

$$\sigma_{-1f} = 0,43 \cdot \sigma_p \qquad (2.1)$$

Donde:

$\sigma_p = (610 - 750)MPa$,el límite de resistencia a la tracción, según el Manual de Resistencia de Materiales (Pisarenko, 1989) se encuentra en los límites enmarcados entre los paréntesis.

Para realizar el cálculo del límite de fatiga se seleccionó el valor menor del rango, para obtener el menor valor de cálculo del coeficiente de reserva a la fatiga para despreciar errores de aproximación de las ecuaciones.

$$\sigma_{-1f} = 262,3 \cdot MPa$$

Al consultar los valores de límite de fatiga del acero AISI 1045 de acuerdo a lo que se establece por (Callister 2003), $\sigma_{-1} = 260MPa$ se puede apreciar que el límite calculado se encuentra muy próximo, que a su vez es el tomado para realizar los cálculos. De la misma manera se comprueba que el valor obtenido se encuentra en el rango que establece por (Pisarenko 1989) $\sigma_{-1} = (250 - 340)MPa$

En el cálculo del coeficiente de seguridad para cargas cíclicas se consideran varios factores que inciden en la formación de grietas, tales como puntos concentradores de tensiones originados por cambios en la forma de la pieza, rugosidad superficial, dimensiones absolutas, naturaleza del ciclo y propiedades mecánicas del material.
La ecuación (2.2) tiene en cuenta estos elementos y se emplea para determinar el coeficiente de reserva a la fatiga.

$$n_{\sigma} = \frac{\sigma_{-1}}{\frac{K_{\sigma} \cdot \sigma_{a}}{\varepsilon_{\sigma}.\beta_{K}} + \psi_{\sigma}\sigma_{m}} \qquad (2.2)$$

Donde:

$$K_{\sigma} = 1 + q_{\sigma}(\alpha_{\sigma} - 1) \qquad (2.3)$$

q_{α}: es el factor de sensibilidad del material.

α_{σ}: es el factor teórico de concentración de tensiones.

ε_{σ}: es el factor de tamaño o de dimensiones absolutas.

β_{K}: es el factor que tiene en cuenta el estado de la superficie.

ψ_{σ}: es el factor de sensibilidad a los ciclos asimétricos.

A partir de las curvas que aparecen en la literatura que aborda el tema se pueden determinar estos coeficientes. En esta investigación se tomó como referencia el apéndice C del Fernández (1989), donde a partir de las dimensiones de la zona se determinaron los siguientes coeficientes:

$\psi_{\sigma} = 0{,}125$

$\alpha_{\sigma} = 1{,}32$

$q_{\alpha} = 0{,}38$

Sustituyendo q_{α} y α_{σ} en la ecuación (2.3) se obtiene:

$K_{\sigma} = 1 + 0{,}38(1{,}32 - 1) = 0{,}44$

$\varepsilon_{\sigma} = 0{,}63$ $\qquad \beta_{K} = 0{,}82$

Como el ciclo se considera como simétrico y tomándose $d = 95{,}25mm$ para la comprobación de la fatiga, por ser el nuevo escalón mínimo propuesto por el autor, entonces:

$$\sigma_{max} = -\sigma_{min} = \frac{M_1}{Wx} = \frac{1582{,}9 \cdot kN \cdot cm}{77{,}77 \cdot cm^3} = \cdot \frac{kN}{cm^2} = 203{,}5 \cdot MPa$$

Donde: $Wx = \frac{\pi}{32} \cdot d^3 = \frac{\pi}{32} \cdot (9{,}525 \cdot cm)^3 = 77{,}77 \cdot cm^3$

La amplitud de las tensiones del ciclo simétrico σ_a y la tensión media σ_m se determinan según:

$$\sigma_a = \frac{\sigma_{max} - \sigma_{min}}{2} = \frac{203{,}5 \cdot MPa - (-203{,}5 \cdot MPa)}{2} = 203{,}5 \cdot MPa$$

$$\sigma_m = \frac{\sigma_{max} + \sigma_{min}}{2} = \frac{203{,}5 \cdot MPa + (-203{,}5 \cdot MPa)}{2} = 0$$

Sustituyendo los coeficientes en la ecuación (2.2)

$$n_\sigma = \frac{\sigma_{-1}}{\frac{K_\sigma \cdot \sigma_a}{\varepsilon_\sigma . \beta_K} + \psi_\sigma \sigma_m} = \frac{260 \cdot MPa}{\frac{0{,}44 \cdot 203{,}5 \cdot MPa}{0{,}63 \cdot 0{,}82} + 0{,}125 \cdot 0} = 1{,}48$$

Como se observa el resultado del cálculo del coeficiente de reserva (1,48) para el escalón del muñón considerando el diámetro como 95,25 mm, se encuentra entre los parámetros recomendados (1,3 – 3,0) según la norma A.A.R y por ("Cálculos para la Construcción de Vagones",1970).

Se puede afirmar que el diámetro mínimo se ajusta a lo que exige la norma de seguridad ferroviaria. Es importante destacar que en el cálculo se han tomado las condiciones de máxima carga para un muñón: como son las acciones provocadas por las fuerzas centrífugas cuando el vagón se desplaza por la curva; las cargas del viento; irregularidades de la vía y todas las cargas estáticas que se asumen como concentradas en el centro de masa del vagón. Se han hecho coincidir todos los factores físicos al mismo tiempo. Sin embargo, bajo condiciones normales de explotación existe baja probabilidad de que coincidan a la vez todos estos factores y con sus valores máximos.

No obstante, como se trata de un reacondicionamiento se decidió buscar métodos que permitan aumentar aún más la seguridad ante la fatiga, no por la vía de un aumento de diámetro del muñón, sino por el mejoramiento de su calidad superficial. Se decidió emplear el método de rodillado, que es un tratamiento mecánico con deformación plástica superficial, con el objetivo de buscar un mejor acabado superficial y con esto facilitar una mejor lubricación, además de conseguir el objetivo anteriormente planteado, se obtienen tensiones residuales a compresión, lo que aumenta la resistencia a la aparición de grietas superficiales, y por tanto se eleva la resistencia a la fatiga (Fernández, 1989).

2.3.2 Cálculo de comprobación del diámetro del eje por el Método de Elementos Finitos.

En esta investigación se emplea el SolidWorks 2010 con su complemento CosmosWorks. En la comprobación de la pieza por el MEF se utilizará el mismo modelo de cargas utilizado en los cálculos de resistencia clásica, así como las propiedades mecánicas del material. Las propiedades mecánicas del material se muestran en la (tabla 2, anexo 2). Se define que el diámetro del muñón es 95,25 mm, tal como se hizo en el análisis de fatiga por métodos clásicos. Se aplica el valor de la carga en la superficie de ensamblaje de la rueda y las restricciones en la superficie de los muñones.

En investigaciones anteriores (González, 2009) se demuestra que el tamaño y forma de elementos tiene una influencia significativa sobre los resultados. Se obtiene que el tetraédrico de 10 nodos (TETRA10) es capaz de cubrir todo el volumen, por lo que sólo se analizará la influencia del tamaño del elemento sobre las tensiones. Estos resultados se muestran en la tabla 2.3.

Tabla 2.3: Valores de tensiones, deformaciones y desplazamientos según tamaño de elementos.

Tamaño (mm)	Tensión (MPa)	Deformación unitaria	Desplazamiento (mm)	Diferencia entre tensiones (%)
50 / 2,50	177	7,42 e-004	4,79	
45 / 2,25	193,3	8,12 e-004	7,37e-001	-9,20
40 / 2,00	206,8	8,67e-004	2,91	-6,98
35 / 1,75	198,9	8,34e-004	2,791	3,82
30 / 1,50	198,8	8,34e-004	1,767	0,05
25 / 1,25	194,4	7,94e-004	5,11	2,21
20 / 1,00	190,2	7,98e-004	8,59 e-001	2,16

La diferencia entre tensiones se determina según: $dif = \frac{Valor1 - Valor2}{Valor1} \cdot 100\%$

Como se muestra en la (tabla 2.3), a partir del tamaño de elemento de 35 mm se observa una disminución del por ciento de diferencia entre dos análisis sucesivos por debajo de ± 5%, lo que se puede considerar que no es significativo y por tanto adecuado desde el punto de vista ingenieril. Se decide tomar elementos de tamaño 30 mm para el análisis basado en que: la diferencia existente entre los elementos de 35 y 30 mm es de 0,05% y entre 30 y 25 mm de 2,21; el valor de tensión obtenido es aproximadamente el valor medio entre el valor máximo y el mínimo obtenido en las corridas. En la (tabla 1, anexo 2) se muestran las características del mallado obtenido y en la (figura 1) del mismo anexo el eje mallado con las cargas y restricciones aplicadas.

Como se muestra en la (figura 2, anexo 2), el cambio de sección del muñón es donde se encuentran los mayores valores de tensiones. Este resultado confirma las suposiciones tomadas en consideración en los cálculos del diámetro mínimo y de comprobación a la fatiga por el método de resistencia clásica. La tensión equivalente máxima alcanza el valor de 198,9 MPa en el nodo 40632, la cual es inferior al límite de fluencia del material, (tabla 3, anexo 2). El coeficiente de seguridad que posee la pieza en esta zona es de 1,8, tal y como se muestra en la (figura 3, anexo 2). Este valor es ligeramente superior al obtenido en el cálculo de fatiga. No obstante, el valor del coeficiente de seguridad que se obtiene se encuentra en el rango de (1,3 a 3) y se comprueba también por este método que el eje resiste la acción de las cargas definidas en el modelo.

2.4. Determinación de los escalones de reacondicionamiento.

Como se planteó anteriormente los ejes más usados, para los vagones tipo jaula para el transporte de la caña de azúcar, son los que tienen muñones con dimensiones de 4 ¼ x 8" y que de acuerdo a las normas ferroviarias se permite maquinar hasta 3 ¾ x 7" (límite de condenación) y que anteriormente se comprobó que ese mínimo cumple con las exigencias de acuerdo a las ecuaciones de la resistencia de los materiales. Para el trabajo de acuerdo al sistema métrico decimal se convertirán los diámetros de los ejes a mm.

4 ¼ "= 107,95 mm 3 ¾" = 95,25 mm Diferencia en diámetro: 12,7 mm

Se determinó hacer una tecnología de reacondicionamiento en forma escalonada. Teniendo en cuenta la experiencia del taller "60 Aniversario de la Revolución de Octubre" en la ciudad de Florida, Camagüey, donde se han inspeccionado cientos de ejes comprobándose que sus defectos superficiales rara vez alcanzan los cuatro milímetros de profundidad se decide tomar como máxima profundidad de corte en el cilindrado: t = 4,23mm.

De esta manera se obtendrían los siguientes escalones:

G= 107, 95 mm G_1=103, 72 mm G_2= 99, 49 mm G_3= 95, 25 mm

Se podría tomar una profundidad de corte inferior y con ello más escalones pero se considera innecesario con base a los siguientes argumentos:

- El eje está sometido a un régimen variable de tensiones que lo llevará con el tiempo a la aparición de grietas de fatiga e incluso hasta la rotura por esa causa.
- A los ejes nuevos, al cabo de cierto tiempo de trabajo, se les detecta por el personal de mantenimiento la presencia de defectos en los muñones y se les envía al taller. Esto, por experiencia, ocurre en un plazo de 2,5 a 3 años a partir

del inicio de su explotación. Generalmente, en estos casos, no presentan defectos internos que hagan desechar a los ejes.

- Al ingresar al taller se le realizará una defectación para detectar la presencia de grietas internas, de notarse la existencia de ellas se desechará el eje.
- De no aparecer grietas se le realizará el reacondicionamiento al primer escalón (103, 72 mm) y estará no menos de 3 años sin regresar al taller.
- Este ciclo se repetirá para los otros dos escalones de no aparecer grietas internas de fatiga.

Por lo que el eje a partir del inicio de explotación podrá tener una vida útil no menor de 10 y hasta unos doce años, con un uso intensivo. Realizar el reacondicionamiento con más escalones resulta innecesario porque, en definitiva, es muy difícil que el eje pueda rebasar esa cantidad de años, quizás no tanto por el efecto de la fatiga como otros defectos que también invalidarían su uso. Por ejemplo, el eje posee una pestaña cuya dimensión tiene un límite de condenación. Esa pestaña sufre desgaste y en un tiempo determinado, aunque prolongado alcanzará el límite de condenación y el eje deberá ser desechado. Este tiempo de vida útil se puede acortar con base a la mala calidad del tratamiento que reciba del personal de mantenimiento en el montaje y el desmontaje o por causas accidentales. Todas estas razones hacen pensar que una mayor cantidad de escalones de reacondicionamiento se hace innecesaria. Actualmente, en la mayoría de los talleres el reacondicionamiento se hace hasta dimensiones arbitrarias, con base a la profundidad de los defectos, y se le acopla un cojinete plano con dimensiones iniciales, la holgura se resuelve aumentando el espesor de la capa de rodamiento del cojinete.

2.4.1 Organización del reacondicionamiento del eje.

Teniendo en cuenta que se ha comprobado ya el diámetro mínimo permisible para el torneado del muñón del eje y partiendo de sus dimensiones nominales es posible establecer una tecnología de reacondicionamiento del mismo, que tenga en cuenta escalones para el cilindrado a fin de poder organizar mejor el trabajo de mantenimiento (figura 2.3), que para cada escalón se fabrique el cojinete plano con las dimensiones adecuadas y que de esta manera el espesor de la capa de rodamiento sea el menor. O sea, se trabajará siguiendo el siguiente esquema:

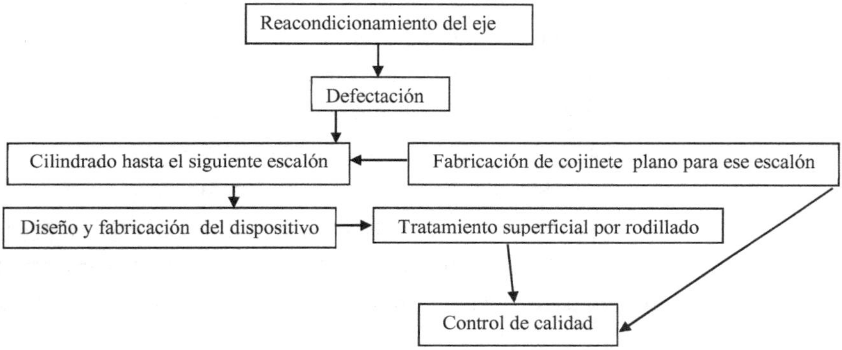

Figura. 2.3. Esquema organizativo para desarrollar la tecnología de reacondicionamiento del eje y el montaje del cojinete plano adecuado.

2.5. Revisión del diseño del cojinete plano.

Estos cojinetes se han fabricado tradicionalmente de bronce al plomo, dadas sus buenas características, y su superficie interior se reviste de una capa de aleación antifriccional. La composición química promedio de estas aleaciones se relaciona en la (tabla 2.2)

Tabla 2.2 Composición química promedio de la base y la capa de rodamiento de los cojinetes planos (%). (Estrada, 1983).

Aleación	**Pb**	**Sn**	**Zn**	**Sb**	**Ni**	**Impurezas**
Bronce	15-22	4,5-6,5	1-3	1,0	1,0	0,5
Aleación	**Sn**	**Sb**	**Sn+Sb**	**As**	**Cu**	**Sn+Pb+As**
Babbitt	2,5-4,5	8,0	10,5-14,5	0,2	0,5	99,25

En la actualidad se recupera el muñón del eje hasta hacer desaparecer sus defectos superficiales y la holgura existente entre el mismo y el cojinete plano se rellena con aleación antifricción alcanzándose espesores de hasta 8 mm y más, lo que disminuye la resistencia al cizallamiento del revestimiento. Para cubrir estas dimensiones se necesitan 2,7 kg de metal antifricción por cada cojinete y si para cada escalón se fabricara la chumacera con las dimensiones ajustadas se lograría reducir el espesor de la capa hasta menos de 3mm de acuerdo a lo recomendado por (Orlov, 1975) y el consumo de la aleación antifriccional descendería hasta 1,01 kg por cada chumacera. Cada eje necesita dos cojinetes y cada vagón tiene cuatro ejes, o sea, ocho chumaceras. Se reduciría entonces desde 21,6 kg hasta 8,08 kg, lográndose un ahorro de 13,52 kg por cada vagón. Esto de por sí justifica económicamente la propuesta de fabricar cojinetes para cada escalón de reacondicionamiento. Se debe tener en cuenta que una capa de material Babbitt, de poco espesor, tiene una vida útil larga pero una capa gruesa tiene poca resistencia al cizallamiento y tiende a desprenderse, arrugarse o amontonarse en un tiempo relativamente corto.

Al terminar la zafra todos los equipos de arrastre (carros jaulas) son sometidos a una inspección, para evaluar los recursos necesarios para la reparación, es precisamente el cojinete uno de los elementos que mayor volumen de reparación presenta como consecuencia de los defectos en la capa de rodamiento, motivado en su gran mayoría por los excesivos espesores. De lo que se puede deducir que la durabilidad de los cojinetes en su gran mayoría no sobrepasa una campaña azucarera. Por lo que reducir el tamaño de la capa de rodamiento debe ser uno de los objetivos a lograr en la revisión del diseño del cojinete plano. La proposición de fabricar o adaptar el cojinete al eje maquinado hasta un diámetro pre determinado o escalón de reacondicionamiento constituye una variante que responde positivamente al logro de ese objetivo y provocará un ahorro significativo.

Tanto la aleación antifriccional como el bronce de la base constituyen rubros de importación con alto precio en el mercado internacional, el cual se eleva constantemente. Por lo que resulta un objetivo interesante el sustituir el material de la base por otro que aunque tenga un coeficiente de fricción algo más elevado sea capaz de obtener una elevada vida útil y que no dañe la superficie del eje, cuando ambos entran en contacto al iniciar la marcha después de una parada, lo que sucede con frecuencia, caso en que la capa de rodamiento del cojinete se pierde y ambos elementos entren en contacto directo hasta que sea detectado finalmente el defecto y se sustituya el cojinete.

Es por lo tanto importante el sustituir el material de la base por otro que reúna los siguientes requisitos:

- Resistencia al desgaste relativamente elevada sin causar daños significativos sobre la superficie del eje, cuando entren en contacto directo.
- Dureza inferior al material del eje.
- Resistencia mecánica relativamente elevada.
- Buena maquinabilidad.
- Buenas propiedades tecnológicas de fundición.
- Bajo costo.
- Poca agresividad al medio ambiente.

El autor (Askeland, 1993) citado en el epígrafe 1.4, al resumir su análisis sobre el desgaste por adherencia describe las condiciones para el desgaste entre ambas superficies metálicas. Y concluye señalando los factores que ayudan a minimizar el grado del desgaste por adherencia. Del análisis de estas causas se concluye que:

Las cargas actuantes no pueden ser disminuidas obviamente, pero analizando todos los otros factores se hace evidente las posibilidades del uso de fundición gris. Este material clasifica también como antifriccional debido a la presencia de las inclusiones de grafito, que es en sí un lubricante sólido. Además el grafito de las inclusiones se convertirá en un almacén adicional de lubricante. Por lo que sus propiedades tribológicas resultan elevadas aunque su coeficiente de fricción no es tan bajo como el del bronce, pero resulta ser la aleación metálica resistente más cercana a este. Es de por sí, un material que tiene una maquinabilidad elevada, gracias a la presencia de las hojuelas de grafito que actúan como rompe virutas; una resistencia a la tracción relativamente elevada, superior a la del bronce. Es la familia de aleaciones metálicas que reúne mejores cualidades tecnológicas de fundición como son baja contracción volumétrica y lineal; alta fluidez; gran llenabilidad de los moldes; temperatura de fusión relativamente baja, cercana a la del bronce. Buena diferencia entre las temperaturas de inicio y fin de la solidificación lo que facilita el flujo de trabajo del taller; desprendimiento de gases inferior al del bronce y de menor agresividad.

La presencia del Pb en el bronce de la aleación tradicional del cojinete constituye un peligro potencial para trabajadores y una fuente de contaminación ambiental de alta peligrosidad.

En el empleo de materiales para cojinetes se distinguen varios tipos de aleaciones, donde la dureza es la propiedad que marca la diferencia. Autores como (Orlov, 1975) definen tres tipos de aleaciones: las plásticas donde (HB < 50), blandas (HB 50 – 100) y las duras (HB > 100). La fundición gris que se propone para la sustitución de la base del cojinete en este trabajo se encuentra en el tercer grupo, estas fundiciones presentan una dureza de (143 – 269 HB) de acuerdo a lo establecido por la GOST 1412 – 70, dureza que dependerá de las características de la base metálica, y por supuesto, de los elementos de aleación.

La dureza de la fundición gris no es elevada aunque sí más cercana a la del acero del eje que la del bronce (45 – 70 HB). Esta dureza es posible disminuirla mediante los mecanismos de la aleación. El mantener una dureza cercana a la del material del eje, aunque por debajo, es conveniente según lo revisado de la literatura, para el caso de desgaste adhesivo. Igualmente la resistencia al desgaste puede mejorarse mediante aleación y control del proceso de grafitización de la fundición, buscando poner como foco central del trabajo el efecto del desgaste sobre el material del eje. O sea, que el uso de fundición gris con matriz predominantemente perlítica es positiva, para el caso de desgaste de tipo adhesivo, ya que la perlita es más difícil que desprenda partículas durante la fricción, en comparación con la ferrita suave, lo que es superior incluso que el bronce. Además la presencia del grafito resulta una fase beneficiosa desde el punto de vista tribológico para el cojinete que estará sometido a desgaste de tipo adhesivo.

En la presente investigación se necesita obtener una fundición gris con una intensa grafitización a fin de aumentar la influencia positiva del C libre sobre las propiedades tribológicas y lograr asimismo disminuir en lo posible la dureza de la aleación por debajo de la del eje, esta es la primera decisión a tener en cuenta para el diseño de la aleación de la base del cojinete.

La organización de la innovación de la fundición gris aleada como material sustituto del bronce de la base del cojinete plano se guiará por el esquema de la (figura 2.4).
Al analizar la base metálica se observa que la misma puede adoptar las siguientes estructuras: ferrítica; perlítica; ferrito-perlítica y perlito-ferrítica. Decidir entre una u otra dependerá:

- De las propiedades mecánicas a alcanzar: resistencia a la tracción; dureza; resistencia al desgaste relativo cojinete - eje.
- Del proceso productivo del taller de fundición.
- Razones económicas.

Con respecto a las propiedades mecánicas:

Para los objetivos del presente trabajo solo se tuvo en consideración la resistencia a la tracción, por ser el primer ensayo, habitual, para conocer las características de resistencia de los materiales. Sin embargo, aunque los mayores esfuerzos a los que está sometido el cojinete son a compresión, los mismos son perfectamente soportados por la base o cuerpo de bronce que actualmente se usa. No existen reportes sobre afectaciones al cojinete por esta causa.
Es conocido que la resistencia a la compresión de las fundiciones grises es muy superior a su resistencia a la tracción y ambas muy superiores a las de los bronces. Además debido a la ubicación del cojinete, las dimensiones del mismo y en específico la de la base se mantienen sin alteraciones.

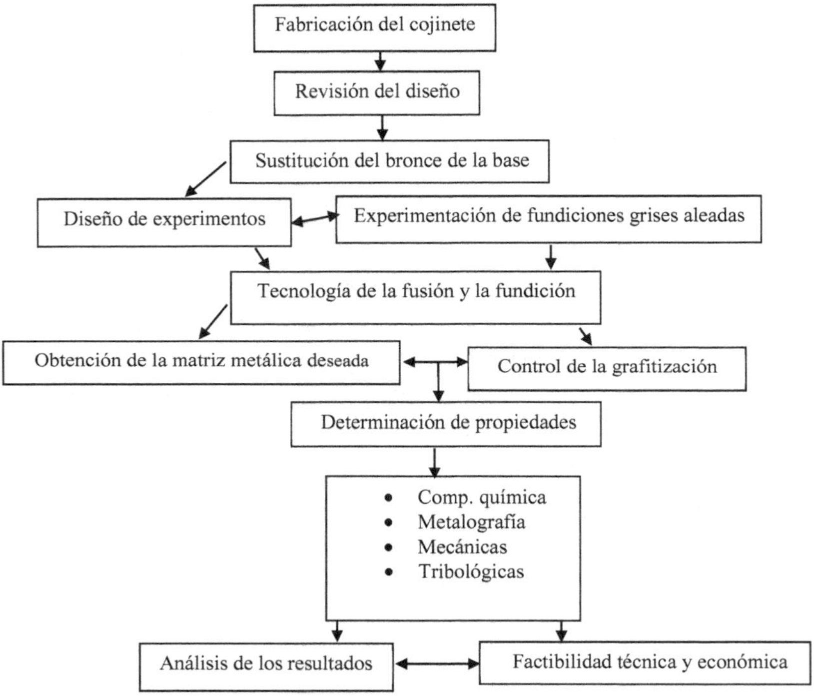

Figura. 2.4. Esquema organizativo para la innovación del cojinete plano.

Autores como (Guliaev, 1983) han demostrado que el limite a la rotura por compresión y la dureza de las fundiciones dependen principalmente de la estructura de la base metálica, las que difieren poco de las propiedades de los aceros. Ensayos realizados, han demostrado que la resistencia a la compresión de las fundiciones es de tres a cinco veces mayor que la resistencia a la tracción, propiedad por la que se recomienda el empleo de las fundiciones en piezas que trabajan a compresión (Lajtin, 1977). Por estas causas se decidió no realizar los ensayos a compresión sino a tracción como comúnmente se realiza en la determinación de las propiedades de los materiales metálicos.

Las propiedades mecánicas de la estructura perlítica son las más elevadas y la ferrítica, la inferior. Para los objetivos del presente trabajo se debe tener en cuenta que la resistencia a la tracción de todas estas estructuras satisfacen, con amplitud, las necesidades de la base del cojinete plano y por ende la resistencia a la compresión.

En condiciones normales de explotación, el muñón está en contacto con la capa de aleación antifriccional depositada en la zona de trabajo del cojinete. Después que la misma se ha desprendido, entran en contacto el material de la base y el eje. Entre ellos comienza un proceso de desgaste combinado con una severidad mucho mayor, motivado por las partículas de material Babbitt residual y de las primeras partículas desprendidas de la fricción con el eje o de otras suciedades. Estas características son iguales tanto si el material de la base es bronce como fundición gris. En la actualidad, es la causa de ralladuras profundas en el muñón que provocan su reparación e incluso, pueden dar lugar a su salida definitiva de explotación a pesar de mantener el resto del eje las características exigidas para su trabajo. En el presente trabajo se busca sustituir el bronce caro por la fundición más barata de forma tal que no se agrave el proceso de desgaste explicado anteriormente. El bronce al plomo y la fundición gris no tienen un comportamiento similar ante el desgaste adhesivo, por lo que deberá estudiarse el efecto que estas aleaciones realizan, en forma comparativa, contra el material del eje (acero AISI 1045 normalizado). (Ver epígrafe 1.4).

De lo planteado anteriormente se demuestra que la dureza, aunque es importante, no es la única propiedad a tener en cuenta, con respecto al desgaste. En cuanto a la dureza será más elevada en función del contenido de perlita en la aleación. Desde ese punto de vista la estructura ferrítica, al parecer, sería la mejor para la aleación del presente trabajo y luego la ferrito-perlítica, después la perlito-ferrítica y finalmente la menos deseable es la perlítica.

Con respecto al desgaste se deben analizar, en forma comparativa. En realidad, se busca evaluar la posible sustitución del material de la base del cojinete, por lo que se decidió realizar ensayos de medición de la afectación por desgaste del material del eje, que es en definitiva lo que se busca no afectar. Si las fundiciones grises estudiadas tienen un comportamiento aproximadamente similar al del bronce se habrá satisfecho el objetivo del presente trabajo, ya que desde el punto de vista de resistencia y económico resulta ser muy superior.

Además desde el punto de vista tribológico se debe tener en cuenta que el tipo de desgaste que sufrirá el cojinete es de tipo adhesivo, por lo que no es conveniente una aleación con estructura blanda, como la ferrita, que provocará desprendimiento de partículas, que complicarán más aún el desgaste del cojinete y además provocarían ralladuras en el eje. Por lo que la aleación debe tener una estructura más dura, como la perlita, estructura con una dureza (220 – 235) HB según lo referido en la norma GOST 1412 – 70, aunque inferior a la del eje que en estado normalizado es de (254 – 325 HB).

Esto sería conveniente también desde el punto de vista tribológico para el tipo de desgaste adhesivo. Por lo que, en realidad, no resulta para el presente caso favorable el obtener una matriz predominantemente ferrítica. La fundición gris con matriz metálica con altos por cientos de ferrita, debe por tanto evitarse. Se fundamenta entonces la decisión de elegir una matriz con altos contenidos de perlita. Si es totalmente (100%) perlitizada, la dureza alcanzará valores demasiado cercanos y posiblemente hasta superiores al del eje, hay que recordar que diferentes autores como (Callister, 2003) y (Askeland, 1993) señalan para la perlita fina una dureza de 280 HB. Por lo que sería conveniente aumentar el contenido de ferrita, en niveles bajos para lograr una disminución de la dureza, sin afectar significativamente las cualidades ante el desgaste. A ello también contribuirá una grafitización más intensa. A ello debe contribuir la adición de aluminio en bajas cantidades (menos de 4%).

Con respecto a la resistencia al desgaste, es conocido los altos valores de resistencia a la abrasión y al desgaste adhesivo de la estructura perlítica (Janowak, 1987).

Pero en el presente caso hay que tener en cuenta que el parámetro más importante es que el material de la base del cojinete plano debe causar el menor daño posible al eje, si ambos elementos entran en contacto directo. Cosa que ocurre con frecuencia en las arrancadas del carro de carga y al perderse por desgaste o desprendimiento la capa de rodamiento del cojinete.

Con respecto al proceso productivo del taller:

La producción de la aleación debe realizarse con el proceso conocido de carga a la chatarra, o sea, usando un por ciento elevado de chatarra y un mínimo de lingotes de arrabio. Esto constituye una práctica mundial, desde hace muchos años, y en el caso de Cuba debe ser más aún, debido a que el arrabio que se usa es importado. Incluso en la práctica diaria de las fundiciones cubanas se usa el arrabio en cantidades no superiores a un 20 – 30% para piezas de gran importancia desde el punto de vista de la resistencia y la hermeticidad, el resto de las piezas de menor importancia se producen con una estructura de la carga de fundición de 100% de chatarra. Las chatarras, para la fabricación de piezas de hierro fundido, se clasifican como: de maquinaria y de estructura. La chatarra más abundante, en nuestros talleres, es de maquinaria y posee cantidades variables pero significativas de Mn, Cu, Cr y a veces Ni. Esto facilita la producción de las aleaciones con matriz de perlita pura o con alto predominio de la perlita. Las chatarras de tipo estructural, aunque no tienen elevado porcentaje de elementos aleantes, sí tienen altos contenidos de carbono y silicio, lo que también facilita ese tipo de matriz. Para la obtención de fundiciones grises con matriz ferrítica o con alto predominio de esa fase habría que partir de chatarra de acero hipo eutectoide y en el horno eléctrico adicionarle el carbono, el silicio y el manganeso necesario. Autores como (Guirshovich, 1998) plantean la posibilidad de obtener una estructura de ferrita y grafito si los elementos a añadir Si, P, S y Mn se encuentran hasta un máximo de 1,5% en total. Esto se convierte en un proceso caro ya que hay que añadir elementos carburantes para obtener la cantidad necesaria de carbono, y además los elementos para la adición: ferrosilicio y ferromanganeso. El proceso se hace, además, engorroso. Para el caso de seleccionar chatarras de bajo contenido de estos elementos, como por ejemplo a partir de tuberías desechadas y otras piezas de fundición gris de baja resistencia, que no abunda en nuestro medio, de todos modos el contenido de carbono y silicio es elevado y las fundiciones que se obtienen a partir de ellas tienen una matriz metálica con elevado contenido de perlita, 40 -60 % como promedio. Desde este importante punto de vista de la factibilidad técnica productiva y económica de los talleres se hace más factible las fundiciones perlito ferríticas y las perlíticas, donde se puede acudir al uso de la mayoría de las chatarras existentes. Cabría entonces preguntarse: ¿Cuál es más factible, las chatarras de maquinaria o las chatarras de estructura para la base de los cojinetes planos de los carros jaula para el transporte de la caña? La chatarra de maquinaria, con bajo contenido de elementos aleantes perlitizantes, traerá como consecuencia una fundición gris con propiedades mecánicas y de resistencia al desgaste elevada, por lo que hay que controlar la dureza a fin de evitar iguale o supere a la del eje.

La chatarra estructural, debido a la muy escasa presencia de esos elementos perlitizantes, provocará la obtención de una fundición gris perlito – ferrítica. En ese caso la dureza es inferior, pero deberá controlarse su resistencia al desgaste.

En ambos casos se considera que es posible alcanzar las propiedades deseadas mediante la adición de aluminio en bajas cantidades, teniendo en cuenta las propiedades del aluminio planteadas en el capítulo 1.

Con respecto a razones económicas:

Es posible realizar una producción de fundición gris base que sirva para la fabricación de varios rubros productivos del taller y usando el método conocido como inoculación en la cazuela: añadir uno o varios elementos, en pocas cantidades a fin de influir sobre la cantidad de grafito libre y sobre la proporción de perlita y ferrita de la base metálica. De esta forma se puede hacer una producción más económica e incluso viabilizar el flujo productivo del taller de fundición.

Teniendo en cuenta los aspectos arriba señalados se ha decidido producir fundiciones grises experimentales con una matriz metálica predominantemente perlítica con un contenido aproximadamente normal de carbono y silicio, inocularle aluminio en bajas cantidades (hasta un 4%) a fin de favorecer la formación de grafito libre y elevar la presencia de la ferrita. Analizar la influencia del uso de chatarras de maquinaria y estructural sobre las propiedades de la aleación, a fin de obtener una combinación adecuada de buena resistencia mecánica; dureza inferior a la del eje, que no le cause daños por desgaste al eje, en fricción por un tiempo relativamente largo, bajo condiciones de lubricación que varía de límite a mixta en el caso de fricción entre ambos y un bajo costo de producción.

Por lo que se decide:

Experimentar estructuras perlitoferríticas con elementos aleantes comunes en las fundiciones grises, pero adicionando aluminio (hasta 4%) a fin de influir en el contenido de grafito y de ferrita en la micro estructura de las aleaciones. Comprobar entre las propiedades: la resistencia a la tracción; la dureza; la resistencia al desgaste medido haciendo friccionar las aleaciones experimentales contra el material del eje (acero AISI 1045).

2.6. Caracterización de las aleaciones.

2.6.1. Fabricación de las probetas experimentales.

Para la obtención de las probetas se usaron moldes de arena (figura 2.5) de acuerdo con las recomendaciones dadas por ("ISO Recommendation R-184.Clasification of Grey Cast Iron", 1981) y ("ISO Recommendation R-185.Clasification of Grey Cast Iron", 1981).

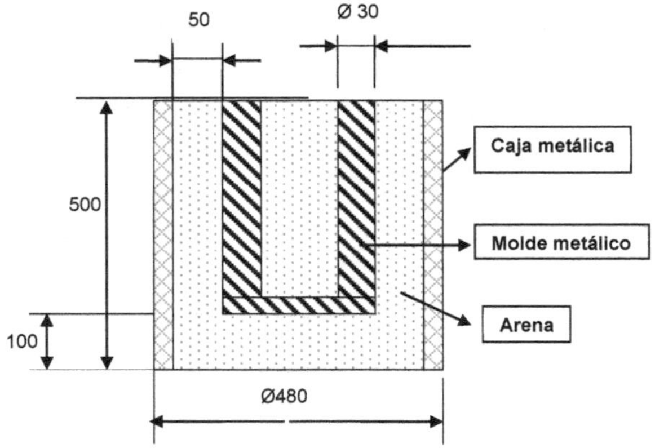

Figura. 2.5. Molde de arena.

Los ensayos se realizaron según lo que establecen las normas (ISO Recomendation R-185), (ASTM A-536), (ISO 6506, 1981) y (ASTM E -10) las que corresponden para cada uno de los ensayos realizados. La fabricación de las probetas se realizó por maquinado a partir de las barras que se obtuvieron en los moldes de arena según las recomendaciones dadas por (ISO Recomendation R-185). El maquinado de las mismas se realizó en un torno horizontal C 11-MB, las cuchillas que se utilizaron son de calzos cerámicos de la marca HECO, de fabricación nacional.

2.6.2. Ensayo de composición química.

En la realización de los análisis químicos se utilizó un analizador Spectrocast existente en la Empresa "Román Roca" de Santa Clara. También un espectrómetro de emisión óptica, modelo MAGELLAN QM1 existente en la Empresa EMI (Mayor Gral. Ignacio Agramonte" de Camagüey. Las muestras para realizar estos análisis se tomaron directamente de la cazuela en una coquilla o porta muestras enfriándose violentamente en agua, las dimensiones de las pastillas obtenidas fueron de 10 mm de espesor y 30 mm de diámetro. El enfriamiento brusco es para obtener el carbono combinado en forma CFe_3, a fin de que pueda determinarse, sin errores, en este tipo de analizador.

2.6.3. Ensayo metalográfico.

En la caracterización metalográfica, se utilizaron microscopios metalográficos Neophot- 32 y NJF -120A. Estos análisis se hicieron en los Laboratorios de Metalografía de las Universidades de Oriente y la Universidad Central de Las Villas así como en el Laboratorio de la EMI "Mayor Gral. Ignacio Agramonte"

La caracterización del grafito, se realizó con un aumento de 100x y para ello se utilizaron la norma (ISO 945-75), la que concuerda con la (ASTM A-536) y la (Gost 3443-87). Para determinar la cantidad de grafito en una muestra se empleó el método planteado por (Ruff, 1977). La matriz metálica se caracterizó atacando las muestras con Nital al 1 %, para revelar la base, el aumento que se utilizó fue de 500x. Las fotografías se tomaron con una cámara digital Epson Photo PC 550, con un aumento de 100x para el grafito y de 500x para la base, se empleó además el software Image X para su procesamiento.

2.6.4. Ensayos de las propiedades mecánicas.

Las propiedades mecánicas se midieron empleando los procedimientos según la norma (ISO 6506, 1981) la cual coincide con ("ASTM E10-00", 1998).

2.6.4.1. Ensayo de dureza.

Para determinar la dureza Brinell (HB) se utilizó una bola de acero de 10 mm de diámetro y una carga de 3000 kg en un durómetro BRINELL modelo TW- 2M de fabricación rusa del Laboratorio de la EMI "Mayor Gral. Ignacio Agramonte" de Camagüey. El tamaño de las probetas fue de 20 mm de diámetro y 10 mm de espesor.

2.6.4.2 Ensayos de tracción.

Se realizaron de acuerdo con lo que se establece en la norma (ISO Recomendation R 185), para la elaboración de las probetas. Para estos ensayos se emplearon una prensa universal modelo ZD – 40 de fabricación alemana de la Universidad Central de Las Villas y máquina de ensayo universal con mando hidráulico modelo MP-100 KN de 1985, norma DIN-EN 10 002: 91 de la EMI "Mayor General Ignacio Agramonte" de Camagüey. Las dimensiones de las probetas de acuerdo a esta norma se muestran en la (figura 2.6).

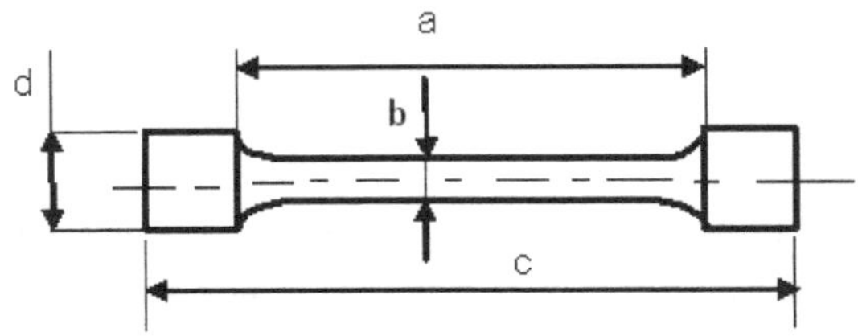

Figura 2.6. Probeta para el ensayo de tracción.

Donde: a) 120 mm; b) 20mm; c) 240 mm; d) 24 mm

2.6.4.3. Ensayos de desgaste.

Para la realización de estos ensayos se realizaron pruebas experimentales basadas en la norma ASTM G77 que implica el uso de una configuración anillo-bloque, donde el anillo representa el eje y el bloque representa la chumacera o cojinete, el tribómetro utilizado se muestra en la (figura 2.3, anexo 2) y pertenece al Laboratorio de Tribología de la Facultad de Mecánica de la Universidad de Oriente.

El desgaste se medirá en forma gravimétrica por lo que es necesario cumplir rigurosamente el pesaje. En este trabajo se empleó una balanza analítica de fabricación alemana modelo Nagema con precisión de (0,001g). Se sometieron inicialmente a un proceso de limpieza para evitar falsear los resultados. Cada probeta (bloque) experimental formará pareja con un rodillo (anillo) fabricado con el mismo material del eje ferroviario; ambas probetas se fabricaron según las dimensiones establecidas por las normas (ASTM G77) para este tipo de ensayo, las probetas bloque con forma geométrica tipo cubo de dimensión de 10 x 10 mm y los anillos con un diámetro exterior de 50 mm, interior 16 mm y un ancho de 11mm (figuras 2.7 y 2.8).

Figura. 2.7. Probeta de hierro fundido (bloque)

Figura. 2.8. Probeta de acero (anillo).

El acabado superficial para el caso de los anillos está en correspondencia con los de los muñones de los ejes ya que estos fueron rodillados con los mismos regímenes aplicado a los muñones.

Otro aspecto importante son los factores a variar. La intensidad del desgaste depende de muchos factores, pero el tiempo, la velocidad y las cargas tienen una marcada influencia. Por lo que es de gran importancia modelarlos en correspondencia con la magnitud real.

2.7. Conclusiones parciales.

1. Se hizo el cálculo del diámetro mínimo necesario para satisfacer la resistencia del eje con una reserva acorde a las normas ferroviarias de seguridad, sobre la base de las cargas actuantes en el par cinemático eje del vagón ferroviario – rueda y que se solicitan en el eje.
2. Se determinaron los escalones en diámetro del muñón del eje como escalones de reacondicionamiento, siendo el escalón mínimo de 95,25 mm, superior al 85,026 mm, diámetro mínimo posible calculado.
3. Se decidió establecer un paso tecnológico de tratamiento mecánico por rodillado de la superficie del muñón en cada reacondicionamiento a fin de elevar la resistencia a la fatiga.
4. Se determinó fabricar el cojinete plano con las dimensiones ajustadas a las del eje para cada escalón de reacondicionamiento a fin de que la capa de rodamiento (material antifricción) no exceda de 3 mm de espesor.
5. Se decidió sustituir el bronce de la base del cojinete plano por una fundición gris aleada que se debe experimentar y se definieron los requisitos básicos que debe cumplir la aleación que se defina como satisfactoria.

Capítulo 3

CAPÍTULO 3

INNOVACIÓN TECNOLÓGICA EN EL PAR CINEMÁTICO EJE-COJINETE PLANO

3.1 Introducción.

De acuerdo a lo planteado en el capítulo 2 se hace necesario elaborar la tecnología de reacondicionamiento del eje incluyendo el diseño del dispositivo para el rodillado de la superficie del muñón y obtener la fundición gris antifriccional para la base del cojinete plano, teniendo en cuenta las propiedades mecánicas y superficiales del eje. A estas tareas se dedica el presente capítulo.

3.2 Organización del reacondicionamiento del eje.

En el capítulo anterior se realizó el análisis del par cinemático formado por el eje del vagón ferroviario o jaula para el transporte de la caña de azúcar y la rueda y se definieron todas las cargas actuantes y que solicitan en el eje. A partir de esas cargas se hizo el cálculo del diámetro mínimo necesario para satisfacer la resistencia del eje y con una reserva acorde con las normas de seguridad ferroviarias. Esto permitió determinar los escalones en diámetro que pueden usarse como escalones de reacondicionamiento y también se decidió realizar un paso tecnológico adicional de rodillado de la superficie del muñón del eje. A la tecnología del reacondicionamiento del eje y al diseño, construcción y validación del dispositivo para el rodillado se dedica el presente epígrafe. Para realizar estos pasos se seguirá el esquema organizativo definido en la (figura 2.3) del epígrafe 2.4.1.

Teniendo en cuenta que se ha comprobado ya el diámetro mínimo permisible para el torneado del muñón del eje y partiendo de sus dimensiones nominales es posible establecer una tecnología de reacondicionamiento del mismo, que tenga en cuenta los escalones para el cilindrado a fin de poder organizar mejor el trabajo de mantenimiento. Para cada escalón se debe fabricar el cojinete plano con las dimensiones adecuadas y que de esta manera el espesor de la capa de rodamiento sea el menor.

Uno de los pasos que se describen en el reacondicionamiento del eje es el maquinado de los muñones, este se realiza con la operación de cilindrado. Los cálculos de los de regímenes de corte de esta operación se describen en el (anexo 3.1) de acuerdo a lo establecido por (González, 1985).

3.3 Diseño y fabricación del dispositivo de rodillado.

Para el diseño del dispositivo se tuvieron presente varios factores:

- Dimensiones del torno.
- Facilidad de montaje y desmontaje del dispositivo en el torno.
- Facilidad de montaje y desmontaje del eje en el dispositivo.
- Rigidez necesaria para resistir los esfuerzos.
- Buena maniobrabilidad.
- Selección de materiales.
- Costos.

El material utilizado para la fabricación del dispositivo fue acero. Se tuvieron en consideración las especificaciones de trabajo de cada uno de los elementos. Para la base, elemento que interactúa directamente con las guías transversales y los soportes inferiores y superiores, además de las bisagras, se utilizó como material acero 10 (AISI 1010). Para el caso de los rodillos, para los que se exige una dureza por encima de los 60 HRC, de acuerdo a los ensayos realizados a la máquina de rodillar existente en la Empresa de Tracción Centro Este de los ferrocarriles, se seleccionó el acero rápido ruso P6M5 (AISI M2). Para los demás elementos, tales como tornillos, pasadores, tuercas y separadores se seleccionó el acero 30 (AISI 1030).

Para evitar grandes reacciones durante el proceso de rodillado y para evitar el error de ovalidad, posible a aparecer cuando se usa un rodillo, se utilizaron tres rodillos (3) dispuestos uno de otro a 120^{0} de acuerdo a lo planteado por (Fernández, 1987). La distribución de los mismos se puede observar en la figura 3.1: uno en el soporte superior o móvil (5) y dos en el soporte inferior (6). Los rodillos dispuestos en el soporte inferior son desplazables con el objetivo de ajustar estos al eje, en correspondencia a la variación de los diámetros de los muñones de acuerdo a los distintos escalones de reacondicionamiento propuestos. Este ajuste se realiza a través de las correderas (9).

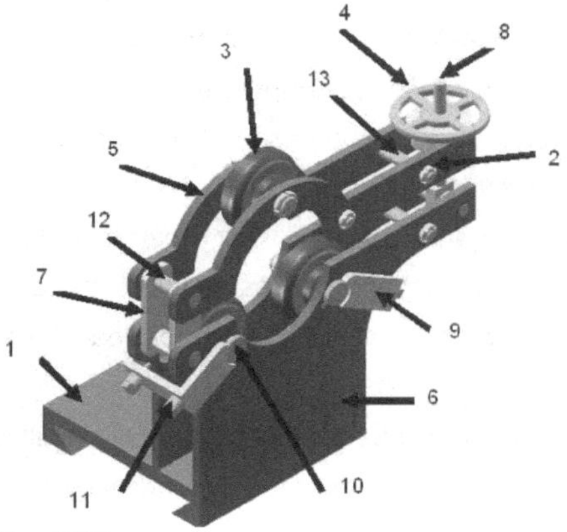

Figura. 3.1. Dispositivo de rodillar.

Donde:

1. Base cola de milano
2. Tuercas de los separadores
3. Rodillos: a) móviles; b)fijo
4. Manivela del sistema de aplicación de carga
5. Soportes superiores
6. Soportes inferiores
7. Bisagras
8. Tornillo del sistema de aplicación de carga
9. Correderas
10. Pasadores de los rodillos
11. Tornillos reguladores de las correderas
12. Pasadores de las bisagras
13. Separadores

Se llegó a la determinación de asumir como N= 21 rev / min la velocidad angular del husillo del torno M 165, en consulta con los especialistas de maquinado del Taller de

Vagones de la Empresa Centro Este de los Ferrocarriles con base a la experiencia de los mismos. El avance del carro longitudinal se tomó como $S_r = 0{,}08$ mm/rev.
Se consultó luego la gama de revoluciones y avance del torno y se comprobó que cuenta con los escalones exigidos, lo que está en correspondencia con lo planteado en el epígrafe 1.4 del presente informe.
De fabricarse el dispositivo con uno o dos rodillos se provocaría un momento flector en la pieza, pues su colocación en el porta herramienta de la máquina provoca que sólo se pueda ejercer una fuerza de empuje en una sola dirección, teniendo como resultado que no se obtenga el acabado superficial adecuado para las exigencias de explotación del eje ferroviario.
Con esta invención se garantiza la fluidez operativa del taller al realizarse la operación de rodillado inmediatamente después del maquinado (cilindrado) de los ejes en el torno durante su recuperación, sin necesidad de cambiar de máquina, ni aumentar los tiempos de maquinado.
El funcionamiento del dispositivo durante el proceso de rodillado es el siguiente: este se coloca en las guías transversales del carro longitudinal del torno a través de la cola de milano de la base, la que además tiene la función de soportar el resto de la estructura del dispositivo (figura 3.1). El soporte inferior (6) está soldado a la base (1) y tiene como función, servir de soporte principal a los restantes elementos del dispositivo. Está constituido por dos placas situadas en forma paralela y soldadas a la base (1). El paralelismo entre ambas placas se asegura a través de los elementos separadores (13) y sus tuercas (2). Sobre el soporte inferior están acoplados los siguientes elementos: los dos rodillos desplazables (3a) que tienen como función ajustarse al diámetro del eje a rodillar; las bisagras (7) con sus pasadores (12) que sirven para articular el soporte superior (5). Esta articulación permite retirar el soporte superior para facilitar el posicionado o retiro del eje que se va a rodillar, siguiendo el mismo principio que normalmente se usa en las custodias de los tornos. También se acopla al soporte inferior el tornillo (8) del sistema de aplicación de carga.
Los rodillos (3) giran sobre los pasadores (10) mediante cojinetes cónicos de rodamiento 355-2 (ISO), los pasadores (10) son ajustados a los soportes a través de

las tuercas. Los rodillos 3a (móviles) se desplazan a través de las ranuras que les sirven de guía maquinadas en las placas del soporte inferior (6) y tienen como sistema de ajuste de este desplazamiento las correderas (9) y los tornillos reguladores (11). El soporte superior (5) está constituido por dos placas y tienen los mismos elementos para garantizar el paralelismo entre ellas que se explicó para el soporte inferior. En este soporte está insertado el rodillo fijo (3b).

Después de colocarse el eje, entre puntos en el torno, el dispositivo, que está acoplado al carro longitudinal, se desplaza a la posición de trabajo, o sea en el muñón. Se ajustan los rodillos móviles al diámetro del muñón. El soporte superior se articula a fin de ponerlo en su posición de trabajo, de forma de que el rodillo fijo descanse sobre el extremo derecho del muñón. La carga de trabajo se aplica a través de la manivela (4) y el tornillo (8). Girando la manivela (4) se produce el desplazamiento hacia abajo del soporte superior (5) y con ello el desplazamiento vertical del rodillo fijo (3b) hacia la superficie del muñón del eje, lo que provoca la compresión sobre las micro irregularidades de la superficie. Se pone en funcionamiento el torno haciendo girar el eje y se aplica el avance del mismo lo que trae como consecuencia el desplazamiento longitudinal del carro, o sea, del dispositivo a lo largo del muñón. Al llegar al extremo izquierdo se detiene el avance, se aplica de nuevo carga y se inicia el movimiento de retorno hasta el extremo original del muñón.

Completado el rodillado, se quita entonces la carga, se retira el soporte superior, se retira el eje y se posiciona de nuevo con el otro muñón y se repiten las operaciones anteriores.

En la (figura 1, anexo 3.1) aparece una vista lateral donde se muestra como el cuerpo inferior (6) se acopla a la base o cola de milano (1) mediante soldadura; y esta base permite la ubicación del dispositivo en el carro transversal del torno.

El eje a rodillar está sostenido entre plato y punto. El dispositivo se mueve aprovechando el mecanismo normal de avance longitudinal del torno y los rodillos (3a) y (3b) giran como consecuencia del giro del husillo del torno.

De acuerdo al procedimiento descrito los componentes del dispositivo se construyeron con las dimensiones que se describen en el (anexo 3.2)

La ruta tecnológica para la fabricación del dispositivo se ofrece en el (anexo 3.3)

3.4. Factibilidad técnica y económica.

3.4.1. Cálculo de costos.

El costo de fabricación se calculó a partir del sistema establecido en la UBF "60 Aniversario de la Revolución de Octubre", la (tabla 3.1) muestra un consolidado de las operaciones que se realizaron para determinar el costo de fabricación del dispositivo.

Tabla3.1 Ficha de costo

Ficha de costo de fabricación			
Empresa	**UBF "60 Aniversario"**	**Pieza**	**Dispositivo de rodillado**
		Código	
No	**Descripción**		**Valor (CUP)**
1.	Materiales		35,43
2.	Salario directo		215,86
3.	Vacaciones	9.09 % X (2)	19,62
4.	Subtotal de salario	(2) + (3)	235,48
5.	Seguridad social	14% X (4)	32,96
6.	Impuesto fuerza de trabajo	25 % X (4)	58,87
7.	Subtotal de mano de obra	(4) + (5) + (6)	327,31
8.	Gasto de energía eléctrica		22,51
9.	Gastos directos	(1) + (7) + (8)	385,25
10.	Gastos indirectos	50 % X (9)	192,62
11.	Gastos de dietas		
12.	**Costo total**	**(9) + (10) + (11)**	**577,87**
13.	Ganancia de la empresa	15 % X (12)	86,68
14.	Precio total	(12) + (13)	664,55

Como se observa, el costo del dispositivo de rodillar (tabla 3.1) es bajo (577,87CUP) e incluso de venderse a otros talleres del sector podrá ser adquirido a un precio bastante bajo. La inversión en el dispositivo se resarcirá con creces, si se tiene en cuenta que el tratamiento de rodillado puede elevar considerablemente el tiempo de trabajo útil del eje, lo cual bajará los costos de mantenimiento de los carros jaula.

Tabla 3.2 Ficha de costo de reacondicionamiento del eje

Ficha de costo (Reacondicionamiento)			
Empresa	UBF "60 Aniversario"	Pieza	Eje 4¼ X 8 (en explotación)
		Código	
No	Descripción		Valor
1.	Materiales		
2.	Salario directo		4.35
3.	Vacaciones	9.09 % X (2)	0,39
4.	Subtotal de salario	(2) + (3)	4,74
5.	Seguridad social	14% X (4)	0,66
6.	Impuesto fuerza de trabajo	25 % X (4)	1,18
7.	Subtotal de mano de obra	(4) + (5) + (6)	6,58
8.	Gasto de energía eléctrica		2,98
9.	Gastos directos	(1) + (7) + (8)	9,56
10.	Gastos indirectos	50 % X (9)	4,78
11.	Gastos de dietas		
12.	**Costo total**	**(9) + (10) +**	**14,34**

Si a esto se une que el costo del reacondicionamiento del eje e incluyendo el rodillado realizado con el dispositivo diseñado, o sea, cilindrado hasta el diámetro deseado del muñón, montaje del dispositivo y rodillado del muñón es de sólo $14,34, (tabla 3.2), resulta muy económico en comparación con el gran beneficio de duplicar, al menos, el tiempo de vida útil del eje, lo cual ha sido determinado mediante el control de ejes reparados en el taller de la Empresa "60 Aniversario de la Revolución de Octubre" y su regreso al mismo al volverse a retirar en las inspecciones periódicas que se le realizan a los pares de ruedas de los carros en explotación.

3.4.2. Análisis de factibilidad.

A partir de la puesta en explotación del dispositivo en 1999 y hasta el último periodo de reparación se han rodillado 380 ejes, de ellos 328 que se encontraban en explotación y 52 nuevos que han sustituido a ejes que han llegado a los parámetros de condenación. En la década del 80 y principios de los 90 el consumo de ejes nuevos por zafra en la provincia de Camagüey se comportaba a un promedio de 27 ejes, sin embargo con la introducción del dispositivo el promedio de consumo por contienda disminuyó a cinco unidades.

El país al no tener un proveedor estable ha sufrido la variabilidad de los precios, los que hoy se importan de la República Popular China tienen un precio muy cercano a los 4000 USD, si el ritmo de consumo se hubiese mantenido como en la década de los 80, los gastos en la provincia por compra de ejes estaría en los 108 000 USD. Evaluándose una década de implementación del dispositivo se puede comprobar que los gastos de la provincia por tanto han disminuido un poco más del 80%.

Un eje de esta manera, tiene la posibilidad de tres escalones de recuperación, o sea cerca de diez años de explotación, por sólo algo más de 40 CUP de gasto de reacondicionamiento, a lo que habrá que sumar los costos de desmontaje y montaje normales, que son iguales si se montaran ejes nuevos.

Este tratamiento es factible técnicamente realizarlo en los talleres de la Unidad Básica "60 Aniversario" de Florida, Camagüey, donde se encuentra introducido y sólo necesita de un torno horizontal para el maquinado de estos ejes, que ya existía y que existe en otros talleres de la red de reparación ferroviaria y de la construcción del dispositivo de la presente innovación.

Por lo que se puede resumir que el reacondicionamiento del eje es factible técnica y económicamente y ha sido validado en la práctica.

A estos ejes reacondicionados se les debe acoplar el cojinete plano de forma de que se obtenga una capa de rodamiento (metal antifricción) no mayor de 3 mm y con dimensiones acordes al escalón de reacondicionamiento correspondiente.

Con el cilindrado se obtiene un acabado superficial de (Ra 2.6 μm) y después del rodillado se alcanza un acabado superficial en el muñón de (Ra 1,0 – 1,2 μm). Como es conocido el rodillado provoca tensiones residuales a compresión. Esto repercute en un mejoramiento de la lubricación y una mayor resistencia a la formación de micro grietas en la superficie, o sea, una elevación de los factores que contribuyen al aumento de la resistencia al desgaste adhesivo.

3.5 Fundición gris aleada con aluminio para la base del cojinete plano.

Entre las decisiones fundamentadas en el capítulo dos se destaca la de sustituir el bronce como material de la base del cojinete plano por una fundición gris bajo aleada con aluminio: se definieron los requisitos básicos a tener en cuenta; se fundamentó el tipo de aleación a usar y se deberá buscar la más adecuada y que sea económicamente sustentable en los talleres de reparación de equipos ferroviarios de Cuba. A la obtención de las aleaciones experimentales y a la comprobación de sus propiedades para seleccionar las más adecuadas, para las necesidades de explotación de la base del cojinete plano del carro jaula ferroviario para la carga de la caña de azúcar, se dedica la siguiente investigación siguiendo el esquema organizativo definido en la figura 3.2.

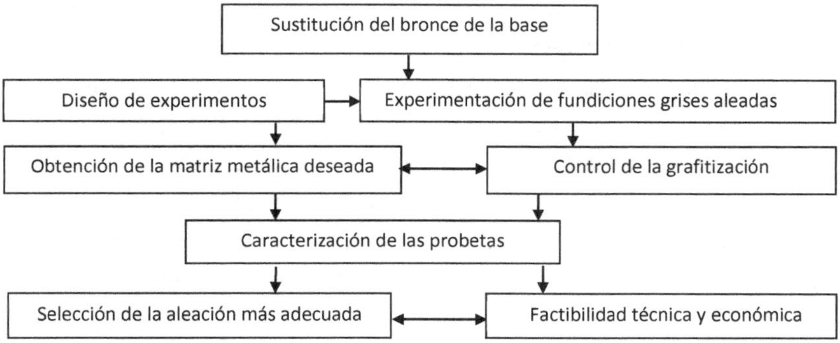

Figura 3.2 Esquema organizativo de la innovación del cojinete plano.

3.5.1. Organización de la innovación.

En el epígrafe 2.5 se realizó una revisión del cojinete donde se analizaron las propiedades que se exigen de estos y en específico de su base, la necesidad de que la misma no dañe al eje en caso de entrar en contacto directo con el mismo y por ello, se decidió producir fundiciones grises experimentales, con base metálica predominantemente perlítica, con un contenido aproximadamente normal (habitual) de carbono y silicio, inocularle aluminio en bajas cantidades (menos de 4%), a fin de favorecer la formación de grafito libre y elevar la presencia de la ferrita. Además se decidió analizar la posibilidad, sobre una base económicamente sustentable, de añadir otros elementos aleantes a fin de obtener una combinación adecuada de buena resistencia mecánica; dureza inferior a la del eje y una buena resistencia al desgaste, pero ocasionando el menor daño posible al eje.

Por lo que se concluyó:

Experimentar una fundición gris común con matriz predominantemente perlítica y una fundición gris bajo aleada, con elementos aleantes comunes en las fundiciones grises para maquinaria (Cr, Ni, Cu), para obtener una matriz perlítica y adicionarle, en ambos casos, bajas cantidades de aluminio (menos de 4%), a fin de influir sobre la cantidad de ferrita y grafito de la micro estructura. Comprobar entre las propiedades: la resistencia a la tracción; la dureza; la resistencia al desgaste medido haciendo friccionar las aleaciones experimentales contra el material del eje (acero AISI 1045 normalizado), o sea, medir el daño que la fricción entre ambos elementos pueda causarles y en especial al eje, que es el objetivo central, y compararlo con el bronce al plomo habitual de las bases de estos cojinetes.

Con este objetivo se tomaron las siguientes decisiones organizativas:

1. Obtener una aleación con una estructura perlito ferrítica a partir de una fundición que se estuviese usando con frecuencia, como rubro fundamental, en un taller de fundición, a partir de un caldo base altamente perlitizado, de muy altas propiedades mecánicas y tribológicas.
2. Ese caldo base bajo aleado con Cr, Ni y Cu someterlo a adiciones de aluminio en la cuchara con base a un diseño experimental.
3. Comprobar sus propiedades mecánicas, metalográficas y al desgaste.
4. Seleccionar las que mejor cumplan los requisitos establecidos para el material de la base del cojinete deslizante.
5. Obtener otra aleación con una estructura perlito ferrítica a partir de una fundición que se estuviese usando con frecuencia, como rubro fundamental, en un taller de fundición, a partir de un caldo base de fundición gris común no aleado, obtenido a partir de chatarra estructural.
6. Ese caldo base someterlo a adiciones de aluminio en la cuchara, con base a un diseño experimental.
7. Comprobar sus propiedades mecánicas, metalográficas y al desgaste.
8. Seleccionar las aleaciones experimentales que mejor cumplan los requisitos establecidos para el material de la base del cojinete plano.

9. Fundamentar la factibilidad técnica y económica.

3.6 Obtención de la aleación con matriz perlito ferrítica bajo aleada.

Como materiales patrones se trabajará con la fundición gris que sirvió como caldo base y el bronce al plomo, aleación tradicional de las chumaceras de los vagones de ferrocarril. Estas aleaciones tienen las siguientes composiciones químicas:

Tabla 3.3 Composición química de los materiales patrones (%).

Aleación	Pb	Sn	Zn	Sb máx.	Ni máx.	Cu	Impurezas			
Bronce	15-22	4,5-6,5	1-3	1,0	1,0	Resto	0,5			
	C	Si	Mn	S	P	Cr	Ni	Mo	Cu	Fe
Patrón 1	3,48	2,13	0,53	0,08	0,20	0,24	0,5	0,020	0,55	90,0

Se decidió utilizar como aleación base, el hierro fundido bajo aleado que constituye un rubro de producción del taller "Román Roca" de la ciudad de Santa Clara. Esta aleación la dedican a la fabricación de camisas para motores de combustión interna.

3.6.1 Fundamentación de la aleación propuesta.

La aleación base es una fundición gris con la composición que se plantea en la tabla 3.3. Se destaca la presencia del níquel, el cromo y el cobre. Como resultado de sus efectos sobre la aleación binaria Fe-C se obtiene una aleación totalmente perlítica con una dureza que alcanza 285-300 HB como promedio, con un grafito en concentraciones entre 6 y 8%. Tiene una elevada resistencia al desgaste erosivo y corrosivo a elevadas temperaturas. (Pino, 2005).

En los materiales tribotécnicos se ha considerado al hierro fundido gris como un excelente material antifriccional, lo que se une a muy buenas propiedades tecnológicas, tanto de fundición como de maquinado, junto a su alta resistencia al desgaste. La presencia del grafito libre diseminado, por ser un no metal, actúa como si fueran cavidades en la fundición gris y funcionarán como pequeños almacenes de lubricante, además de que el grafito es de por sí, un lubricante sólido. Es conocido que con bajos valores del equivalente en carbono, la resistencia nominal a la tensión del hierro fundido es mayor, puesto que se forma una menor cantidad de grafito durante la solidificación y estos valores pueden elevarse aún más mediante la aleación. Este es el caso de la aleación base seleccionada. La resistencia al desgaste por deslizamiento es buena; las hojuelas del grafito poroso absorben y retienen lubricante, y debido a que el grafito es blando y resbaloso, puede incluso auto lubricarse, afirma (Askeland, 1993).

Autores como (Guirchovich, 1998) comentan que el hierro fundido gris aleado al cobre presenta la mejor combinación de propiedades de fricción y desgaste para una matriz metálica perlítica. (Askeland, 1993) plantea que las hojuelas de grafito proporcionan una excelente auto lubricación en las superficies, particularmente cuando la matriz es perlita, en lugar de ferrita suave y que finalmente el desgaste adhesivo es menor cuando se usa un lubricante.

En la presente investigación se plantea aprovechar las buenas cualidades mecánicas de la aleación base y mejorarlas en función de los intereses planteados, por lo que adicionalmente se decide alearlo, en pequeñas cantidades, en la cuchara, con aluminio. El efecto del aluminio fue explicado en el epígrafe 1.6.3 donde se plantea la influencia de este elemento sobre el proceso de grafitización y en consecuencia, la disminución de la dureza y la elevación del número de inclusiones de grafito aumentando los reservorios de lubricante, lo que permitirá minimizar el desgaste provocado al eje en caso de que la base del cojinete entre en contacto directo con él.

No se buscó elevar los contenidos de carbono y de silicio, en forma significativa, para no elevar considerablemente el equivalente en carbono y así mantener altas, lo más posible, las propiedades mecánicas.

3.7 Planificación experimental.

En la planificación de la parte experimental se empleó el diseño de experimentos con regiones restringidas propuesto por McLean y Anderson, (Álvarez, 2000), en el cual modela de una forma bastante aproximada el sistema que se estudia. En los modelos asumidos en el presente trabajo y en los análisis correspondientes se tuvo en cuenta lo expuesto por (Álvarez, 2000). Las variables independientes son los elementos de aleación del sistema aleante Al – Si – Mn.

$\mathbf{X_1}$: % Al $\mathbf{X_2}$: % Si $\mathbf{X_3}$: % Mn

Las variables de respuesta son:

$\mathbf{Y_1}$: Cantidad de grafito (%) $\mathbf{Y_2}$: Tamaño del grafito (μm) $\mathbf{Y_3}$: Cantidad de ferrita (%)

Y_4: Macro dureza (HB) **Y_5:** Resistencia a la tracción (MPa)

Los límites propuestos en los elementos de aleación se describen en la (tabla 3.4), donde el límite inferior se determinó partiendo de la composición química del metal base empleado (tabla 3.3), aleación desarrollada por (Pino, 2005).

El límite superior del aluminio al igual que el del silicio, está determinado por los efectos que se relacionaron en los epígrafes 1.6.2 y 1.6.3. Con relación al manganeso los límites se tomaron partiendo de la composición química del material base (tabla 3.3) y el epígrafes 1.6.2

Tabla 3.4 Niveles establecidos, (%)

Límites	Al	Si	Mn
Inferior	1,0	2,0	0,5
Superior	3,0	3,0	2,5

Como se planteó anteriormente el número de variables independientes es 3, las cuales están definidas en dos niveles. Para el procesamiento se empleó el Statgraphics XV.I, obteniéndose 6 puntos experimentales (tabla 3.5).

Tabla 3.5. Composición química de los 6 puntos experimentales, (%)

No.	a1	a2	a3	a4	a5	a6
Al	3	3	2,25	1	1,25	1
Si	2,25	2	3	3	2	2,25
Mn	0,5	0,75	0,5	1,75	2,5	2,5

Las cantidades de cromo, níquel y cobre que contiene la aleación base permanecen inalterables tal como se señaló en el capítulo 2. Desde el punto de vista matemático los mismos son constantes. Pero a la hora de analizar los efectos que sobre las propiedades metalográficas tienen las adiciones decididas no se puede obviar el dinamismo sinérgico de las aleaciones, lo que complicará la interpretación de los resultados y sobre todo cuando de definir una causa se trate. En todo caso, la importancia del análisis de desgaste con respecto al material del eje se incrementa, ya que es el resultado vital que permitirá decidir si una aleación es ventajosa o no. También ayudarán los ensayos de las demás propiedades mecánicas. En forma comparativa sí tiene validez el análisis de la influencia del aluminio, elemento que se añadió y que no está contenido en la matriz. La necesidad de incluir silicio para obtener una buena relación entre estos dos elementos grafitizantes fue explicada en el capítulo 2, así como la necesidad de añadir manganeso, para tener una mayor cantidad de puntos experimentales. El análisis estadístico ayudará a comprender las tendencias que ocurren pero habrá que recordar la presencia de las inclusiones cromo, níquel y cobre en todos los casos en que se haga necesario, ya que esta presencia puede provocar dificultades para asegurar la causa única, e incluso desde ahora se puede asegurar que en todos los casos de las ecuaciones de regresión las causas no son únicas sino complejas. Este recordatorio evitará caer en errores debido a resultados matemáticos que pueden ser sorprendentes o inexplicables en forma categórica, ya que están influidos por la sinergia entre los elementos aleantes del caldo base y los incluidos en las adiciones. El análisis estadístico deberá ir acompañado de la explicación metalúrgica.

3.7.1 Obtención de las aleaciones.

Para obtener las aleaciones planificadas se establecieron los siguientes pasos:

1. Fusión en horno de inducción. Obtención de la aleación base.
2. Alear en la cuchara para obtener las aleaciones experimentales.
3. Vertido en los moldes de arena.
4. Obtención de las probetas fundidas.
5. Elaboración de las probetas para ensayos.
6. Caracterización de las aleaciones.

Para este trabajo se utilizó el equipamiento que actualmente se encuentra en el taller de fundición "Román Roca" de la ciudad de Santa. Clara; el horno utilizado fue uno eléctrico por inducción con una capacidad de 2 t, una frecuencia eléctrica de (500 Hz), inductor cilíndrico de múltiples espiras de una capa, sistema de enfriamiento con agua, cuya dureza no debe de exceder de los 37mg/l (p.p.m.) de carbonato de calcio, el revestimiento es de cuarcita, con ácido bórico como aglutinante (1.8 %), según lo descrito en el manual de instrucción del horno FUJI Electric, de fabricación japonesa. Siguiendo lo establecido por el manual de explotación del horno:

- Se introducen 250 kg de arrabio y se enciende el horno, dándole potencia hasta alcanzar la temperatura en que se fusiona la carga.

➢Se comienza a adicionar cargas metálicas de chatarra seleccionada en cantidades de 100 kg, y se incrementa la potencia hasta que se derriten las 2 t de metal.

➢ Se adicionan las ferroaleaciones para obtener el metal base, con la composición química que se describe en la (tabla 3.6).

Los materiales que se adicionarán en la cuchara se describen en la tabla 3.6, en ella se reflejan la composición química y los coeficientes de recuperación, de estos los valores teóricos según lo reportado en la literatura para materiales similares; el valor práctico fue calculado por la ecuación 3.1. En el caso del aluminio la recuperación es mucho menor debido a la gran reactividad del mismo con el oxígeno, lo que provoca escorias densas.

Tabla 3.6. Composición química de las adiciones en la cuchara (%).

Material	Composición química en (%)							Coeficiente de Recuperación (%)	
	Mn	Fe	C	Si	Al	P	S	Teórico	Práctico
FeMn	76.36	13.20	6.18	1.15		0.05		90	90
FeSi	0.40			75.0		0.005	0.025	90	90
Al					99.99			-	20

Recuperación = (%Elemento real / %Elemento calculado) ·100 (3.1)

La cantidad (kg) de cada elemento a emplear en la aleación se calculó a partir de la ecuación 3.2.

$$M = \left(\left[(X_d - X_f) \right) / X \right] C \quad kg \qquad (3.2)$$

Donde: M es la cantidad de material aleante añadido en (kg); C es la carga metálica a alear tomada como 100 kg; X_d es el contenido del elemento deseado en la aleación a obtener (%); X_f es el contenido real del elemento en el metal base (%) y X es el contenido del elemento (%) a añadir en el material de adición. Se tuvo siempre presente que los materiales tuvieran un contenido de azufre, bastante bajo, para poder garantizar que su contenido promedio sea menor del 0.1%.

El garantizar una recuperación, lo más eficiente posible, al adicionarlo en la cuchara exigió del cumplimiento de los siguientes pasos:

- Temperatura a la salida del horno de 1400 a 1500 °C, garantizando la mayor solubilidad de los elementos aleantes en la aleación base.
- Precalentar las adiciones antes de usarlas, atenuando la pérdida de temperatura del caldo base.
- El tamaño de las adiciones, según ("Coppola Handbook", 1999), de forma que favorezcan la recuperación. (tabla 3.7)
- Las adiciones se introducen en la cuchara después que se ha vertido la aleación base, hasta aproximadamente la cuarta parte de la capacidad total, lo cual es recomendado por ("Coppola Handbook", 1999). En este caso se usó 25 kg de material base para cada aleación.
- Se debe agitar con una barra de acero, precalentada al rojo, durante un tiempo que de acuerdo a la experiencia se asumió de tres minutos.

Tabla 3.7. Dimensión de los materiales empleados en las adiciones.

Material	Ferromanganeso	Ferrosilicio	Aluminio
Dimensiones (mm)	5 -10	5 -10	15 -20

3.7.2 Obtención de las probetas.

Se utilizaron moldes de arena con las dimensiones que se muestran en la (figura 2.5, epígrafe 2.6.1). Los moldes fueron hechos mediante el moldeo en verde, las características de las mezclas de moldeo aparecen en la (tabla 1, anexo 3.4), el material refractario y resistente que se empleó fue la arena sílice, su composición y granulometría se reflejan en la (tabla 2, anexo 3.4), y las características de la bentonita activada con carbonato de sodio se describen en la (tabla 3, anexo 3.4). El vertido y solidificación en estos moldes de arena garantiza condiciones de enfriamiento iguales para todas las probetas y así eliminar la velocidad de enfriamiento como una variable, que en caso contrario habría que tener en cuenta porque provocaría diferencias en la grafitización y en la formación de fases.

El proceso de desmoldeo se realizó luego de 14 h de reposo, tiempo suficiente para que se enfriaran hasta temperatura ambiente. De este modo se garantizó un enfriamiento lento y uniforme, con lo que se aseguró que la ocurrencia de transformaciones fuera sólo como consecuencia de la variación en la composición química de las diferentes aleaciones. Para la caracterización de las aleaciones se elaboraron, primeramente, seccionando longitudinalmente las barras de diámetro 50 mm en cuatro secciones. Posteriormente se cilindraron a diámetro 23 mm. A partir de estas últimas barras se obtuvieron las probetas, las que fueron maquinadas hasta obtener las dimensiones planteadas en el capítulo 2: epígrafes 2.6.1 al 2.6.4.3 de acuerdo a las normas allí referidas.

3.7.3. Caracterización de las aleaciones.

Las probetas fueron elaboradas según las normas descritas en el capítulo 2 de acuerdo a las necesidades de cada tipo de análisis. Los resultados fueron analizados estadísticamente usando el paquete Statgraphics XV-1. Del procesamiento estadístico se obtuvieron las ecuaciones de regresión múltiple las cuales corresponden estrictamente al sistema que se estudia y bajo las condiciones de enfriamiento que se describen en el epígrafe 3.6.2. Al análisis de las mediciones y sus resultados se dedica el presente epígrafe.

3.7.3.1 Análisis de los resultados de la composición química.

En las (tablas 4, 5, 6, 7, 8, 9, anexo 3.4) se muestra la composición química de las aleaciones que se obtuvieron de acuerdo con los procedimientos que se describen en el epígrafe 2.6.2. Solo se destacan en las tablas los elementos del sistema aleante a estudiar, pues los demás se mantienen aproximadamente constantes. En el caso del carbono para todas las aleaciones se comportó en un rango de 3.28 – 3.35%. En los resultados planteados en las tablas se reflejan la media aritmética, la desviación estándar y el coeficiente de variación.

De los resultados obtenidos a partir de las (ecuaciones 3.1 y 3.2 epígrafe 3.6.1), para cada aleación se pudo determinar que la composición química entre lo planificado y lo real se manifiesta con un coeficiente de variación por debajo del 13% tanto para el aluminio como para el silicio; en el caso del Mn estos valores llegan hasta un 25% lo que está justificado ya que parte del mismo se va a la escoria en forma de MnS. Estos resultados se reflejan en la (tabla 10, anexo 3.4). Los resultados obtenidos para las variantes se corresponden con el diseño experimental aceptablemente.

3.7.3.2 Análisis metalográfico.

En las (figuras 1, 2, 3, 4, 5, 6, anexo 3.4) se pueden observar el comportamiento del grafito de las aleaciones obtenidas, en las que se manifiesta un grafito laminar recto, fino y uniformemente distribuido. En cuanto a la cantidad de grafito presenta una variación entre las diferentes aleaciones, la cual fue determinada por el método descrito en el epígrafe 2.6.3.

Como es conocido el proceso decisivo que determina la estructura de la fundición y sus propiedades es la grafitización del cual depende no sólo la cantidad, sino las características del grafito y en un nivel significativo la estructura de la matriz.

Por esto a la hora de analizar la influencia total de los elementos durante la transformación eutéctica, Guirshovich propone la constante de grafitización que condiciona aproximadamente sus influencias relativas. Se observa la influencia decisiva del silicio, que junto al carbono tiene un efecto predominante. El papel del aluminio es destacado, pero dista de la influencia tan marcada que tiene el silicio. De allí el comportamiento diferente de las aleaciones experimentales en cuanto a la cantidad de inclusiones de grafito formado, como se refleja en la (tabla 3.8).

En las aleaciones, según el anexo 3.4, a4 (0,98% Al - 2,60% Si - 1,47% Mn) y a6 (0,95% Al - 2,00% Si - 1,87% Mn), al aumentar el contenido de manganeso y disminuir el de aluminio se observa una tendencia a la disminución de las inclusiones y al engrosamiento de las mismas, lo que se debe al efecto del silicio. Algo similar se obtiene en la aleación a5 (1,20% Al; 1,89% Si; 2,07% Mn), donde el aumento del contenido del manganeso (junto al cromo, el níquel y el cobre) anula la influencia de la combinación del aluminio y silicio que se encuentran en niveles medios.

Tabla 3.8. Cantidad de grafito, (%).

Réplica	1	2	3	Media	Desv. Est	C.V. (%)
a1	12,8	13,0	13,1	13,0	0,1772	1,3630
a2	10,0	10,0	10,0	10,0	0,2953	2,953
a3	12,0	12,3	12,5	12,3	0,2953	2,4008
a4	11,7	11,2	11,5	11,0	0,2953	2,5903
a5	5,1	4,9	5,0	5,0	0,1181	2,3626
a6	6,0	6,2	6,0	6,0	0,1181	1,9683

En la aleación a3 (2,01% Al – 1,97% Si – 0,49% Mn) al aumentar el aluminio, aunque el silicio no fue tan elevado, se logra una mejor combinación entre ambos (además de poco manganeso) y esta sinergia permite lograr una alta grafitización y uniformemente distribuida en forma de

placas finas, a lo que había hecho referencia Guirshovich en su Manual del Hierro Fundido. Lo que se hace más significativo en la aleación
experimental a1 (2,97% Al – 2,14% Si – 0,45% Mn) que presenta un contenido más elevado de Al, menor de Mn y un contenido normal de silicio para las fundiciones comunes de alto contenido de perlita en su base metálica. Hay que recordar que el silicio cuando alcanza concentraciones cercanas al 2 % tiene tendencia a que la fundición tome una estructura ferrítica. Aunque los contenidos de los elementos perlitizantes (Mn, Cu, Ni y Cr) hacen que la aleación mantenga una matriz predominantemente perlítica, puede lograrse cambios en la estructura de la aleación si se aprovecha una mejor combinación entre los contenidos de silicio y aluminio, lo que se traduce en mejores resultados en cuanto al contenido de grafito y de ferrita, lo cual debe traducirse en propiedades mecánicas más favorables, lo que constituye interés del presente trabajo.

Al efectuar el análisis de regresión múltiple para comprobar el efecto de los elementos aleantes, sobre la cantidad de grafito en las aleaciones con los valores reales de composición química (tabla 10, anexo 3.3), se obtiene la ecuación de regresión 3.3 para el modelo ajustado con un coeficiente de regresión de
R^2 = 91,7526 %, (anexo 3.5).

Cg = 11,1236*Al + 16,6154*Si + 4,76488*Mn (3.3)

En la misma se muestran los valores de los componentes la que define la influencia de estos sobre la cantidad de grafito, destacándose el silicio como el elemento de mayor predominio en la formación de grafito, seguido del aluminio, así como la influencia negativa del manganeso confirmándose lo que se planteó en el epígrafe 1.6.2. Ambas influencias se muestran en la (figura 1. anexo 3.5). El análisis de varianza del modelo muestra un P –valor (0,0237), lo que confirma una relación estadísticamente significativa de un 95% de confianza entre la variable respuesta (Cg) y las variables independientes (elementos aleantes).

La presencia en la aleación de cobre, níquel y cromo inciden en los resultados lo que evidentemente no se expresa en la ecuación.

Las aleaciones experimentales tienen en la sumatoria de los elementos Al + Si, valores que varían desde 2,95 % hasta 5,11 %, de allí que la cantidad de grafito obtenida, en las mismas, tenga tan marcada variación, pero generalmente tienen mucho más grafito que la aleación base (6% de grafito). El contenido de carbono de la aleación base se mantuvo constante, aproximadamente, por lo que la sinergia en este sentido va variando según la variación de los otros dos grafitizantes añadidos.
Se destaca el hecho de que la muestra a1 con un 2,14% de Si alcanza la mayor grafitización (13%) en comparación con la muestra a4, que tiene un 2,6% de Si. Esto es gracias a la acción enérgica del Al que se encuentra en un 2,97%. Esto indica que se puede alcanzar una fuerte grafitización, sin elevar el contenido de silicio, lo cual entrañaría variaciones fuertes en otras propiedades, como la resistencia al desgaste. Se debe recordar que el objetivo del experimento es lograr disminuir la dureza de la fundición propuesta para la base del cojinete, para evitar el menor daño posible al eje, en caso de contacto directo del mismo con el cuerpo del cojinete. Y de esta forma influir positivamente sobre la vida útil del sistema y al mismo tiempo abaratar la construcción del cojinete.
Todas las aleaciones experimentales logran buenos resultados y la mejor es la a1 (2,97% Al – 2,14% Si – 0,45% Mn), por lo antes explicado. Lo que está en correspondencia con el resultado del análisis metalográfico confirmado por lo observado en las figuras (1, 2, 3, 4, 5, 6, anexo 3.4).
En el análisis de regresión múltiple para evaluar la influencia de los elementos aleantes sobre el tamaño del grafito con los valores reales de composición química (tabla 10, anexo 3.4), se obtuvo la ecuación de regresión 3.4, del modelo ajustado con un coeficiente de regresión de R^2 = 99,0025%. (anexo 3.6)

Tg = 94,9582*Al + 69,4231*Si + 294,849*Mn (3.4)

Los valores de los componentes que se obtienen en esta ecuación muestra la influencia positiva del manganeso sobre la variable respuesta (Tg), comportamiento muy contrario mostrado por el silicio y el aluminio. Ambas influencias se muestran en la (figura 1 anexo 3.6) donde las pendientes de las curvas son bastante acentuadas. El análisis de varianza del modelo (Anova) muestra un p –valor de 0,0010 lo que confirma una relación estadísticamente significativa de un 99% de confianza entre Tg y los elementos aleantes.

Por supuesto se repite lo anteriormente explicado. La presencia de los elementos grafitizantes añadidos además del carbono de la aleación base son contrarrestados por los elementos perlitizantes, (Mn, Cu, Ni y Cr) que provocan una buena cantidad de carbono combinado, en forma de cementita, esto hace que el grafito sobrante tienda a difundirse hacia los núcleos existentes provocando un cierto engrosamiento de los mismos figuras (1, 2, 3, 4, 5, 6, anexo 3.4). De todas formas el grosor no será grande, porque la presencia de los elementos perlitizantes y el conocido efecto afinador del Mn tendrán una influencia decisiva en que al final se obtenga una estructura de inclusiones finas y también de granos de perlita y de ferrita afinados.

En la (tabla 3.9), se observa que las muestras a5 (1,20% Al - 1,89% Si -1,47% Mn) y a6 (0,95% Al - 2,00% Si - 1,87% Mn) son las que muestran los valores mayores en cuanto al tamaño de la inclusión de grafito.

Tabla 3.9. Tamaño del grafito, (μm).

Réplica	1	2	3	Media	Desv. Est	C.V. (%)
a1	100	101	99	100	1,7720	1,7720
a2	102	106	106	105,0	2,3626	2,2500
a3	88	88	94	90,0	3,5440	3,9377
a4	190	180	185	185	2,9533	1,5963
a5	277	277	272	275	2,9533	1,0739
a6	277	275	273	275	2,3626	0,8591

En resumen, en cuanto a la cantidad y tamaño del grafito es positivo el alear con aluminio la fundición gris bajo analizada, en pequeñas cantidades (menos de un 4%Al), manteniendo una proporción adecuada con el silicio y el carbono de la base y manteniendo el manganeso en niveles de aleación lo más bajo posible (menores del 1,5%), así como el resto de los elementos perlitizantes en forma constante. Esto logra la presencia de una cantidad apreciable de grafito, aún en una matriz enérgicamente perlitizada mediante baja aleación con cromo, níquel y cobre. Esto traerá como consecuencia una mayor proporción de grafito, lubricante sólido, poroso que se satura de lubricante y además que al saltar en la fricción dejará un vacío que se llenará de lubricante fluido y facilitará por tanto la lubricación y se opondrá al desgaste adhesivo y además, una dureza inferior lo que evitará que la aleación dañe al eje. La magnitud de la macro dureza no se alejará demasiado de la del eje, lo cual también es conveniente para combatir el desgaste adhesivo.

Al caracterizar la matriz mediante la composición relativa de las fases en equilibrio, los resultados se correspondieron con lo esperado, prevaleciendo la perlita, (figuras 7, 8, 9, 10, 11, 12. anexo 3.4).

La mayor concentración de ferrita se muestra en las aleaciones a1 y a3, que al tener la mayor cantidad de carbono libre provocan la presencia de un mayor contenido de ferrita, o sea, disminuye la cantidad de carbono combinado en forma de cementita. Lo que está en correspondencia con lo reflejado en la tabla 3.10

Tabla 3.10 Cantidad de ferrita, (%).

Réplica	1	2	3	Media	Desv. Est.	C.V. (%)
a1	12,9	12,9	13,3	13	0,2362	1,8169
a2	10,3	10,5	10,7	10,5	0,2362	2,2495
a3	12,5	12,7	12,5	12,6	0,1772	1,4063
a4	7,8	8,2	8,0	8	0,2362	2,9525
a5	5,2	5,0	5,3	5	0,1772	3,5441
a6	5,0	5,1	4,9	5	0,1181	2,3626

Del análisis de regresión múltiple para valorar la influencia de los elementos aleantes sobre la variable cantidad de ferrita (Cf) con los valores reales de composición química (tabla 10, anexo 3.3), se obtuvo la ecuación de regresión 3.5 del modelo ajustado presentando un coeficiente de regresión de R^2 = 98,1011%, (anexo 3.7).

$$\mathbf{Cf = 12{,}0935*Al + 13{,}0*Si + 4{,}00652*Mn} \quad (3.5)$$

Al analizar los valores de los componentes se observa el predominio del aluminio y del silicio sobre el aumento de la formación de ferrita, aspecto contrario mostrado por el manganeso. En la figura la (figura 1, anexo 3.7) se muestra dicho comportamiento donde se observa una tendencia del aluminio un poco más enérgica que el silicio, pero a su vez el no favorecimiento del manganeso sobre la variable analizada. El análisis de varianza del modelo muestra un p –valor de 0,0026 lo que confirma una relación estadísticamente significativa de un 95% de confianza entre Cf y los elementos aleantes. Sobre la cantidad de ferrita tienen influencia todos los elementos existentes en la aleación. Evidentemente la inclusión dentro del esquema de la aleación de cantidades de aluminio (menores de un 4%) influye positivamente en una mayor presencia de ferrita, que no es muy elevada, debido a la presencia de los elementos perlitizantes y a la baja influencia del silicio, ya que al subir este por encima de 2% disminuye su efecto ferritizante.

Todas las aleaciones tuvieron resultados positivos en cuanto al incremento del contenido de ferrita, por lo cual se logran los objetivos propuestos.

La muestra a1, con un contenido de aluminio cercano al 3%, resultó la mejor. La mayor presencia de ferrita provocará una disminución de la macro dureza, lo suficiente como para asegurar que la aleación del cojinete plano no cause daños al eje. Pero al no ser una cantidad de ferrita tan elevada la dureza no disminuirá demasiado, lo que es conveniente desde el punto de vista de la resistencia al desgaste adhesivo.

3.7.3.3 Análisis de las propiedades mecánicas.

Al efectuar el análisis de regresión múltiple para comprobar el efecto de los elementos aleantes, sobre la variable dureza (HB) en las aleaciones con los valores reales de composición química (tabla 10, anexo 3.3), se obtiene la ecuación de regresión 3.6 para el modelo ajustado con un coeficiente de regresión

$R^2 = 93{,}1326\%$ (anexo 3.8)

$$\mathbf{HB = 254{,}935*Al + 258{,}0*Si + 283{,}565*Mn} \quad (3.6)$$

Tabla 3.11 Dureza, (HB)

Réplica	1	2	3	Media	Desv. Est	C.V. (%)
a1	250,0	250,0	251,0	250,0	0,5906	0,2362
a2	266	261	262	263	2,9533	1,1229
a3	257	259	255	257	2,3626	0,9192
a4	274	273	273	273	0,5906	0,2163
a5	281,0	278,0	282,0	280,0	2,3626	0,8437
a6	280,0	280,0	281,0	280,0	0,5906	0,2109

Los resultados del modelo ajustado muestra los valores de cada uno de los elementos aleantes, observándose un predominio del manganeso sobre la elevación de la dureza y un comportamiento similar de los elementos silicio y aluminio, aunque inferior. Ambos comportamientos se muestran en la (figura 1. anexo 3.8). El análisis de varianza refleja que entre la variable dependiente (HB) y las independientes (Al – Si – Mn) hay una relación estadísticamente significativa del 95 %, al presentar un p-valor de 0,0018.

Realmente el silicio es un grafitizante mucho más fuerte relativamente que el aluminio, mientras que el manganeso favorece la perlitización. No puede olvidarse la contribución que hace la aleación base con sus elementos aleantes que de por sí fortalecen la presencia de una matriz perlítica, lo que el análisis en este sentido se dirige a conocer la variación que sobre esta variable realizarán los elementos añadidos en la cazuela. La influencia del aluminio provocó variaciones en cuanto al contenido de grafito y de ferrita como se mostró en los análisis anteriormente realizados. Precisamente estas variaciones provocan cambios en las propiedades mecánicas y en este caso en la dureza, si se observa las variantes a1 y a3 son las que menores durezas presentan de acuerdo a lo que se describe en la (tabla 3.11), son estas variantes las que mayores variaciones experimentan en cuanto a cantidad de grafito y ferrita.

Es evidente que la ecuación de regresión no puede por sí sola explicar el mecanismo, ya que hay una sinergia con los elementos que se mantuvieron constantes (C, Cr, Ni, Cu) dentro de la aleación. Otros elementos como el silicio y el manganeso aunque forman parte del sistema aleante también se encontraban en ciertas cantidades dentro de la aleación base, por lo que el aluminio es el elemento que mayor importancia tendrá en la variación de la dureza lo que se demuestra en la (figura 1. anexo 3.8)

El análisis de regresión múltiple para comprobar el efecto de los elementos aleantes, sobre la propiedad mecánica de resistencia a la tracción se realiza con los valores reales de composición química (tabla 10, anexo 3.4), obteniéndose la ecuación de regresión 3.7 para el modelo ajustado con un coeficiente de regresión de R^2 = 91,361 %, (anexo 3.9).

$$\mathbf{RT = 152{,}966*Al + 177{,}369*Si + 181{,}557*Mn} \quad (3.7)$$

Los valores de los componentes que se obtienen en esta ecuación muestra la influencia positiva algo más marcada del manganeso sobre la variable respuesta (RT), comportamiento un tanto menos significativo por parte del silicio y un poco inferior en el caso del aluminio. Ambas influencias se muestran en la (figura 1 anexo 3.9) donde las pendientes de las curvas que caracterizan al aluminio son bastante acentuadas. El análisis de varianza del modelo (Anova) muestra un p –valor de

0,0254 lo que confirma una relación estadísticamente significativa de un 95% de confianza entre la RT y los elementos aleantes.

En la (tabla 3.12) se observa que las aleaciones que presentan mayor nivel de aleación (Al + Si) son las que menor índice de resistencia a la tracción presentaron.

Tabla 3.12 Resistencia a la tracción, (MPa)

Réplica	1	2	3	Media	Desv. Est	C.V. (%)
a1	151,0	150,0	150,0	150,0	0,5906	0,3987
a2	159	161	158	159	1,7720	1,1144
a3	167	167	170	168	1,7720	1,0547
a4	175	178	179	177	2,3626	1,3348
a5	182,0	178,0	181,0	180,0	2,3626	1,3125
a6	181,0	180,2	181,5	180,8	0,7088	0,3937

3.7.3.4 Ensayo de desgaste.

Se evaluó el indicador desgaste volumétrico (Wv). El ensayo se realizó con los parámetros y en las condiciones expuestas en el epígrafe 2.6.4.3. Este se realizó a las muestras de las dos aleaciones (a1 y a3) que debido al análisis de las propiedades anteriormente comentado, se llegó a la conclusión de que eran de más perspectivas para cumplir con los objetivos propuestos en el presente trabajo. Se estableció un régimen severo de fricción seca, muy superior al real de trabajo del par eje – cojinete. En la (tabla 3.13) se muestran los parámetros para los ensayos de desgaste.

Tabla 3.13 Parámetros para el ensayo de desgaste.

Condiciones	Factores		
	V d (m/s)	Pc (N)	T (min)
Sin lubricación	1,3	200	120

Los parámetros de velocidad de deslizamiento, tiempo y presión de contacto se asumieron de acuerdo a regímenes de trabajo establecidos para pares cinemáticos tipo “block on ring”, realizándose tres réplicas. Las muestras experimentales se friccionaron contra un anillo elaborado con el mismo material del eje. Se midió el desgaste sufrido por este anillo, o sea, los resultados en función de daños al material del eje, estos resultados se describen en la tabla 3,14. De estas aleaciones, la marcada como a1 se puede considerar la mejor porque, a pesar de que se desgasta la probeta más que la a3, tiene menor incidencia sobre el desgaste del eje, que es el objetivo del presente trabajo.

Tabla 3.14. Resultado del ensayo de desgaste

Muestras	Desgaste Gravimétrico,(g)		Desgaste Volumétrico, (mm^3)	
	Probeta	Rodillo	Probeta	Rodillo
a1	0,0284	0,0143	0,003972	0,001821
a3	0,0945	0,0195	0,013216	0,002484
bronce	0.0013	0.0024	0,000145	0,000305

A esto hay que añadirle, lo ya planteado anteriormente sobre las características de estas aleaciones ante el desgaste adhesivo, que es el predominante para este tipo de pieza, además la seguridad que ofrece el hecho de haber realizado el ensayo en condiciones muy severas de desgaste en fricción seca, cuando en la realidad será en fricción límite con tendencia a mixta. El hecho de realizarle un tratamiento de rodillado al muñón del eje facilita la lubricación y evita el contacto adhesivo, lo que no le fue aplicado a las probetas, además del papel de la inclusión de grafito en esta misma dirección como autolubricante.

Se puede resumir que la aleación puede sustituir, en forma ventajosa, a la aleación tradicional de bronce al plomo, la cual es menos resistente y mucho más cara.

3.8. Obtención de la fundición gris común aleada con aluminio.

Como materiales patrones se trabajará con la fundición gris que sirvió como caldo base (tabla 3.15) y el bronce al plomo, ya planteado para las aleaciones anteriores. Este último material para los ensayos comparativos de desgaste.

Tabla 3.15. Composición química de la aleación base expresado en (%).

C	Si	S	P	Cr	Ni	Mn	Al	Cu	Mo	Fe
3,31	2,99	0,261	0,095	0,084	0,062	0,389	0,005	0,099	0,006	92,7

Se decidió utilizar como aleación base, el hierro fundido gris común que constituye un rubro de producción del taller de la EMI "Mayor General Ignacio Agramonte y Loynaz" de la ciudad de Camagüey. Esta aleación la dedican a la fabricación de piezas diversas no complejas y que no exigen una resistencia elevada y se corresponde con FG 20 por Normas Cubanas.

Como se observa la composición tiene niveles normales de C y Si para las fundiciones grises, el contenido de Mn es normal y no elevado, lo que será suficiente para compensar el contenido de azufre. Por ser la carga chatarra el nivel de azufre, aunque dentro de los límites aceptables, es ligeramente elevado.

3.8.1. Planeación de los experimentos.

Para la obtención de las diferentes aleaciones se empleó el diseño de experimentos de mezcla contenido en el software "Statgraphics XV – I". Para el mismo se tomaron como variables independientes al aluminio y el silicio. A este último se le hizo variar entre niveles muy cercanos, dentro del rango deseado, (tabla 3.16), conociendo que no iban a provocar cambios apreciables las variables respuesta pero con la intención de lograr un análisis estadístico con mayor cantidad de puntos en la región de estudio. Como variables respuesta: cantidad de grafito (Cg); tamaño del grafito Tg), cantidad de ferrita (Cf); (macro dureza HB) y resistencia a la tracción (RT).

3.16 Niveles establecidos, (%)

Límites	Al	Si
Inferior	1,00	3,00
Superior	4,00	3,60

3.8.2. Preparación de muestras.

Para la preparación de las muestras, se siguió el mismo procedimiento referido en el epígrafe 3.6.3. Los ensayos se realizaron en los laboratorios de Ciencia de los Materiales de la Universidad Central "Marta Abreu" de Las Villas y de la EMI "Mayor Gral. Ignacio Agramonte y Loynaz" de Camagüey.

Se siguieron las metodologías que se explicaron en el capítulo 2 y se trabajó en la forma explicada en la primera parte de este capítulo.

3.9. Discusión de los resultados.

3.9.1. Análisis de los resultados de los ensayos de composición química.

En la (tabla 1, anexo 3.10), se muestra la composición química de las aleaciones. En el caso del carbono para todas las aleaciones se comportó en un rango de 3.31 – 3.76%. En los resultados planteados en la (tabla 3.17) se reflejan la composición química planeada y la real obtenida.

Tabla 3.17 Comparación entre el contenido planificado y real de los elementos.

Muestra	Plan,%		Real,%		Recuperación,%	
	Al	Si	Al	Si	Al	Si
b1	1,0	3,0	0,85	2,90	85,0	96,6
b2	2,5	3,3	2,30	3,16	92,0	95,7
b3	2,5	3,3	2,32	3,20	92,8	96,9
b4	4,0	3,0	3,82	2,91	95,5	97,0
b5	4,0	3,6	3,74	2,93	93,5	97,6
b6	1,0	3,6	0,90	3,42	90,0	95,0

Como se observa la recuperación de los elementos deseados a partir de las adiciones fue elevada para ser adiciones en la cuchara. Los tamaños de las adiciones y forma de ubicarlas fue igual que para las aleaciones obtenidas anteriormente, ya explicadas en este capítulo.

El haber tomado el silicio como variable independiente, además del aluminio, ha permitido obtener una matriz experimental con mayor número de puntos para el análisis en la zona estudiada. En el caso del aluminio con uno por ciento de contenido, o con 0,85% en lo real y con una relación con el silicio como la obtenida en la matriz experimental no debe implicar grandes variaciones, y en esa aleación no debe esperarse una gran influencia del aluminio. Es de esperar que mayores contenidos de Al con contenidos estables de Si (2,93 – 3,42% de Si) implique variaciones significativas en los resultados de los ensayos, en este caso sí totalmente impugnables al aluminio, ya que como se dijo anteriormente, el rango de variación del silicio no provoca cambios estructurales significativos. Del primer capítulo se extrajo la experiencia de diferentes autores que plantean que la relación Al–Si es importante para la obtención de cualidades estructurales en las fundiciones grises. Entre los resultados esperados, de mayor importancia, está la cantidad de inclusiones de grafito y el contenido de ferrita ya que se parte de una aleación base altamente perlitizada (95%) y con bajo contenido de carbono libre (5%). De esta grafitización se debe esperar como resultado práctico más importante un mejoramiento de las cualidades antifriccionales y de la resistencia al desgaste, que permitan a esta fundición acercarse al comportamiento del bronce, que se desea sustituir como material para la fabricación de las bases de los cojinetes de deslizamiento que trabajan en fricción con los ejes de los carros jaula para el transporte de la caña de azúcar. Si se consigue un comportamiento cercano al del bronce, al cual supera en resistencia mecánica y además en forma notable en costos, se habrá conseguido el cumplimiento de la hipótesis de trabajo.

3.9.2 Relación de la composición química con las estructuras y sus propiedades.

En las (figuras 1, 2, 3, 4, 5, 6. anexo 3.16) se pueden observar las micro estructuras de las aleaciones obtenidas, en las que se manifiesta un grafito laminar recto, fino y uniformemente distribuido. En cuanto a la cantidad de grafito presenta variación entre las diferentes aleaciones, la cual se refleja en la (tabla 3.18).

Tabla 3.18 Cantidad de grafito (%).

Réplica	1	2	3	Media	Desv. Est	C.V. (%)
b1	7,9	8,1	7,6	7,8	0,2953	3,7858
b2	11,1	11,3	11,3	11,2	0,1181	1,0544
b3	11,8	12,5	12,0	12	0,4134	3,4451
b4	14,1	15	14,9	14,6	0,5316	3,6410
b5	15	15	14,9	15	0,0590	0,0039
b6	7,8	7,8	8,4	8	0,3544	4,4312
HFB	6,5	6,8	7,0	6,7	0,2953	4,4074

De forma general en todas las aleaciones se presentó un crecimiento en el por ciento de grafitización, con un grafito disperso, fino y bien distribuido pero se observa un crecimiento de la cantidad de inclusiones según va creciendo el contenido de aluminio hasta un máximo en la aleación b5 (3,74% Al). O sea un contenido cercano a 4% Al provoca una buena grafitización y esto trae aparejado una menor cantidad de carbono combinado y menor contenido del eutectoide (perlita), por lo que se facilita una presencia importante de ferrita. Las aleaciones con menor contenido de aluminio provocan también un discreto crecimiento en el contenido de grafito comparado con la aleación base (6,7%) y además la presencia de ferrita. Podrá entonces esperarse una influencia notable en las propiedades mecánicas causadas por el contenido de aluminio que ha provocado esta variación en las cualidades metalográficas.

Aunque en el hierro fundido base no hay presencia significativa de elementos anti grafitizantes, el aluminio ayuda a compensar los efectos de estos elementos facilitando la grafitización, favoreciéndose la velocidad de nucleación, permitiendo que las inclusiones de grafito sean finas y distribuidas. Al efectuar el análisis de regresión múltiple para comprobar el efecto de los elementos aleantes sobre la cantidad de grafito en las aleaciones, con los valores reales de composición química (tabla 3.17), se obtiene la ecuación de regresión del modelo ajustado 3.8 con un coeficiente de regresión de R^2 =86,6498 %. (anexo 3.11).

Cg = 15,3608*Al + 7,20077*Si + 1,04615*Al*Si (3.8)

En la que se muestran los valores de los componentes con lo que se define la influencia de los dos elementos aleantes (Al y Si) sobre la cantidad de grafito, destacándose el silicio como el elemento de mayor influencia, lo que corrobora lo planteado en los epígrafes 1.6.2 y 1.6.3 (ver curvas) figura 1. anexo 3.11). En el análisis de varianza de modelo estudiado se muestra un p – valor (0,0488) confirmando la existencia de una relación estadísticamente significativa del 95 % de confianza entre la Cg y los elementos aluminio y silicio.

La aleación patrón HFB tiene un 6,7% de inclusiones de grafito, cuando se le adiciona cerca de 1% de Al (b1), manteniendo al silicio en cantidades aproximadamente iguales, se produce un pequeño aumento de la grafitización lo que se puede asegurar que ha sido causada por el efecto grafitizante del aluminio, en este caso creció hasta un 7,8 % de inclusiones de grafito (tabla 4,18). Con una cantidad similar de Al (0.9%Al) y una cantidad significativamente mayor de silicio, probeta b6, crece la cantidad de grafito hasta el 8%. Ya cuando la cantidad de aluminio añadida sube hasta aproximadamente 2,5%Al, en las probetas b2 y b3 y con variaciones pequeñas de silicio, se observa que el efecto grafitizante del aluminio se hace más enérgico y se logran cantidades de inclusiones de grafito de 11,2 y 12%, esto es ayudado por la sinergia entre ambos elementos, ya que una pequeña cantidad de silicio, aunque la diferencia no es grande, hace que se logre una cantidad importante de ferrita, lo que influye notablemente ya en las propiedades mecánicas de la aleación. Al aumentar a cerca de 4% el aluminio añadido, se observa un incremento adicional de la cantidad de inclusiones de grafito, o sea 14,6% (b4) y 15% (b5). El contenido de aluminio es prácticamente el mismo y la pequeña variación de silicio, hace que la aleación b5 alcance una grafitización ya más significativa. Aumentar el contenido de aluminio por encima del 4%, tal como se fundamentó en el capítulo 2 y como afirman autores analizados en el capítulo 1, Guirshovich entre ellos, no tendría justificación, ya que el aluminio por encima de esos límites no actúa como un grafitizante enérgico, sino como perlitizante y llevaría al aumento de dureza de la aleación. Por otro lado el aumento del contenido de silicio, manteniendo el aluminio en estos límites, tampoco ayudaría porque elevaría también la dureza. Hay que recordar que se busca una aleación antifriccional pero que no dañe al eje del carro jaula, que es de acero AISI 1045 normalizado. El haber conseguido esta grafitización hasta de un 15% se puede considerar como satisfactoria. Al analizar las micrografías (figuras. 1, 2, 3, 4, 5, 6 anexo 3.16) se corrobora la variación en el contenido de inclusiones de grafito planteada.

En el análisis de regresión múltiple para evaluar la influencia de los elementos aleantes sobre el tamaño del grafito con los valores reales de composición química que se reflejan en la (tabla 3.17), se obtuvo la ecuación de regresión 3.9 del modelo ajustado con un coeficiente de regresión de $R^2 = 92{,}2086$ %. (anexo 3.12)

$$\mathbf{Tg = 141{,}392*Al + 91{,}7923*Si + 53{,}5385*Al*Si} \qquad (3.9)$$

De esta ecuación se obtienen los valores de los seudo componentes que definen la influencia de los elementos aleantes sobre la variable respuesta Tg, donde el aluminio vuelve a tener un papel primario. En la (figura 1, anexo 3.12) se confirma lo planteado anteriormente al observar la pendiente siempre ascendente del aluminio para cada uno de los niveles de composición química (tabla 3.17) de las variantes estudiadas en este modelo.

El análisis de varianza para la variable Tg muestra un P – valor (0,0217), lo que confirma una relación estadísticamente significativa de un 95% de confianza entre la variable respuesta y las variables independientes (Al y Si).

En el análisis de esta variable se evidencia que todas las aleaciones presentaron un afinamiento del tamaño de las inclusiones, caracterizados por un tamaño de (86 µm) para la aleación patrón (HFB); la adición de aluminio hasta cerca de 1% provocó una mayor nucleación, o sea el grafito se observa en láminas finas y uniformemente distribuidas (figuras. 1, 2, 3, 4, 5, 6 anexo 3.16), con un tamaño promedio de 123 µm (b1); al crecer del contenido de aluminio hasta 2,5% la nucleación continuó aumentando, lo que conllevó a un mayor afinamiento del grano (125 µm), en esto no influye tanto el aluminio, sí el silicio que es un grafitizante más enérgico, como este estaba en cantidades aproximadamente iguales su influencia no fue tan elevada y prevaleció la velocidad de nucleación, lo que trajo un afinamiento de las partículas de grafito tal como se observa en los resultados de la medición del tamaño de grano (tabla 3.19) en las probetas b2 y b3.

Tabla 3.19 Tamaño del grafito (µm)

Réplica	1	2	3	Media	Desv. Est	C.V. (%)
b1	122	121	126	123	2,9533	1,3865
b2	127	125,4	124	125,4	1,7720	1,4130
b3	128	123	125	125	2,9533	2,3626
b4	135	137	141	141	3,5440	2,5681
b5	136	141	143	143	4,1346	2,9532
b6	87	89	91	89	2,3626	2,6546
HFB	85	85	87	86	1,1813	1,3736

Un aumento significativo del aluminio (hasta cerca de 4%) manteniendo alto el silicio (3,0 – 3,3%) provocó además del aumento aún mayor del contenido de inclusiones (14,6 - 15%), un ligero engrosamiento de las mismas hasta (141 – 143 µm como promedio) probetas (b4 y b5).

Al caracterizar la matriz los resultados se correspondieron con lo esperado, presentando una matriz perlítica – ferritica, como se refleja en las (figuras 7, 8, 9, 10, 11, 12. anexo 3.16), donde las concentraciones de ferrita varían entre 13,1 – 44% (tabla 3.20). El análisis de regresión múltiple permitió conocer a través de la ecuación de regresión del modelo ajustado 3.10 la influencia de los elementos aleantes en la estructura de la matriz, presentándose un coeficiente de regresión de R^2 = 86,5274%, (anexo 3.13).

$$Cf = 42{,}7658*Al + 9{,}44577*Si + 26{,}2462*Al*Si \qquad 3.10)$$

De la ecuación anterior se obtienen los valores de los componentes expresados en seudo componentes que definen la influencia de las variables independientes (Al y Si) sobre la cantidad de grafito, siendo el aluminio el elemento que predomina. En la (figura 1, del anexo 3.13), se muestra el comportamiento ascendente del aluminio para cada una de las aleaciones analizadas en el modelo, lo que confirma su carácter predominante sobre el aumento de la cantidad de grafito. El análisis de varianza para la variable (Cf) muestra un P – valor de (0,0495), lo que confirma una relación estadísticamente significativa de un 95% de confianza entre la Cg y los elementos aleantes.

Al analizar el contenido de ferrita que se muestra en la (tabla 3.20) se observa que de un 8,3% de presencia de esta fase en la aleación patrón (HFB) hubo un crecimiento de la misma en correspondencia con el aumento del aluminio añadido hasta cerca del 1%, obteniéndose un 13,1 – 14,5%, para las aleaciones (b6 y b1) aleaciones con un contenido prácticamente similar de silicio, por lo que se evidencia la acción enérgica del aluminio; un aumento hasta el 2,5% intensificó el crecimiento hasta 33-35% de ferrita, (b2 y b3), explicándose la pequeña diferencia entre ambas por la ligera variación de un 0,3% en el contenido de silicio.

Tabla 3.20. Cantidad de ferrita (%).

Réplica	1	2	3	Media	Desv. Est	C.V. (%)
b1	14,6	14,9	14	14,5	0,5316	3,6662
b2	34	33	32	33	1,1813	3,5796
b3	36	34	35	35	1,1813	3,3751
b4	40	40	41	40	0,5906	1,4765
b5	44	43	45	44	1,1813	2,6847
b6	13,1	13,5	12,7	13,1	0,2362	1,8030
HFB	8	9	8	8,3	0,5906	7,1156

Sin embargo un aumento de la adición de aluminio hasta cerca del 4% provocó un crecimiento considerable del contenido de ferrita, debido a la sinergia del Al y el Si, lo que evidencia la importancia de mantener esta relación entre ambos elementos que recomendaba autores como Guirshovich, siempre y cuando el contenido de carbono se mantenga constante aproximadamente. La diferencia entre ambos, es igualmente causada por la variación del silicio Estos resultados se corroboran en las micrografías (figuras 7, 8, 9, 10, 11, 12, anexo 3.16).

Los resultados obtenidos en los ensayos de dureza se describen en la (tabla 3.21). Al realizar los análisis de regresión múltiple entre la composición química (tabla 3.17), y la variable respuesta (HB), se obtuvo la ecuación de regresión del modelo ajustado 3.11, con un R^2 = 86,5267 % (anexo 3.14)

HB = 129,427*Al + 248,227*Si - 99,3846*Al*Si (3.11)

El valor expresado en seudo componente de cada uno de los elementos que se analiza en la ecuación anterior, confirma la influencia positiva de ambos elementos sobre la disminución de la macrodureza. El análisis de varianza (ANOVA) del modelo ajustado muestra un P – Valor de (0,0495) lo que confirma un nivel de relación estadísticamente significativo de un 95% de confianza entre la macrodureza y los elementos aleantes.

En aquellas aleaciones donde la suma de ambos elementos (Al y Si) es mayor (b4 y b5) la dureza disminuye en comparación con el resto de las aleaciones y el hierro base, según lo que se refleja en la (tabla 3.21). Hay que destacar el papel determinante que tiene el aluminio sobre la disminución de la dureza, como consecuencia de la influencia de este sobre la variación del contenido de grafito y de ferrita, en los rangos de aleación que se establecieron para este trabajo.

Tabla 3.21. Dureza (HB).

Réplica	1	2	3	Media	Desv. Est	C.V. (%)
b1	232	238	220	230	7,0880	3,0817
b2	125	156	163	157	6,4947	4,1384
b3	157	159	163	160	3,5440	2,2153
b4	135	140	142	139	4,1346	2,9745
b5	128	123	125	125	2,9533	2,3626
b6	231	233	240	235	5,3160	2,2631
HFB	240	238	241	240	1,7720	0,7383

Al realizar el análisis de regresión múltiple entre la composición química (3.17) y la variable resistencia a la tracción se obtuvo la ecuación de regresión del modelo ajustado 3.12, con un R^2 = 86,8037 %, (anexo 3.15).

RT = 100,042*Al + 142,842*Si - 46,4615*Al*Si (3.12)

Ambos elementos tienen una muy marcada influencia, siendo el silicio el que predomina sobre la disminución de la resistencia a la tracción, lo que se corrobora en la (figura 1, anexo 3.15). El análisis de varianza del modelo ajustado muestra un P – valor de (0,0479), al ser inferior a 0,05 establece una relación entre la variable analizada y los elementos aleantes de un 95% de confiabilidad.

De los resultados obtenidos en los ensayos de tracción para cada una de las variantes (tabla 3.22), al compararlo con las variación de la estructura (tabla 3.20) se observa que según fue bajando la cantidad de perlita de la matriz fue disminuyendo la resistencia a la tracción, obteniéndose una disminución muy significativa entre HFB y la b5. No obstante la resistencia a la tracción de todas es suficiente para los objetivos del trabajo y muy superior a los parámetros que alcanza el bronce, que se desea sustituir. Como se observa el análisis de las propiedades demuestra que todas las aleaciones experimentales cumplen con los objetivos deseados. La prueba que decidirá cuál es la aleación más adecuada será el ensayo de desgaste

Tabla 3.22 Resistencia a la tracción (MPa).

Réplica	1	2	3	Media	Desv. Est	C.V. (%)
b1	128	123	115	122	4,7253	3,8731
b2	118,3	115,5	117,2	117	1,6538	1,4135
b3	113	111,7	110,9	112	1,2404	1,1075
b4	103	104	105	104	1,1813	1,1358
b5	87	94	92	91	4,1346	4,5435
b6	136	148	142	142	3,5440	2,4957
HFB	211,8	212	208,3	210	2,1854	1,0406

3.10 Resultados de los ensayos de desgaste.

Los ensayos de desgaste se realizaron de acuerdo a lo descrito en el epígrafe 2.6.4.3 evaluándose el indicador desgaste volumétrico (Wv). El régimen que se estableció para la realización de los ensayos está reflejado en la (tabla 3.13). Estos parámetros se asumieron de acuerdo a regímenes de trabajo establecidos para pares cinemáticos tipo "block on ring", realizándose tres réplicas. Las muestras experimentales se friccionaron contra un anillo elaborado de acero 1045 normalizado, el mismo material del eje. Esto permitió simular, en forma muy severa, superior a la realidad, el desgaste que se puede producir por la fricción de la base de la chumacera contra el eje, en caso de desprendimiento de la capa de rodamiento del material babbitt de la base del cojinete plano. Se midió el desgaste de ambos cuerpos para poder analizar la intensidad del daño que se le ocasionaría al eje. Un resumen de los resultados se describe en la (tabla 3.23) y en la (tabla 2, anexo 3.10) donde se muestra el comportamiento de las probetas en cada uno de los ensayos.

Al comparar la macro dureza de las aleaciones con el comportamiento al desgaste de cada una de ellas se evidencia la relación directa que hay entre la propiedad mecánica (dureza) y la tribológica (desgaste). Como se observa en los resultados del ensayo, la aleación b5 es la que menor dureza presenta y la que mayor intensidad de desgaste experimentó.

Tabla 3.23. Comportamiento del desgaste

Muestras	Desgaste Gravimétrico,(g)		Desgaste Volumétrico, (mm^3)	
	Bloque	Anillo	Bloque	Anillo
b1	0.0020	0.0071	0,000279	0,000904
b2	0.0015	0.0075	0,000209	0,000955
b3	0.0015	0.0058	0,000209	0,000738
b4	0.0033	0.0072	0,000461	0,000917
b5	0.0035	0.0030	0,000489	0,000382
b6	0.0023	0.0090	0,000321	0,001146
bronce	0.0013	0.0024	0,000145	0,000305
HFB	0.0021	0.0087	0,000293	0,001108

Pero al evaluar la intensidad del desgaste del par probeta y anillo se observa que la aleación b5, tiene una relación aproximadamente similar a la presentada por el bronce (tabla 2, anexo 3.10). Esto permite esperar una influencia positiva en las características como material tribotécnico en condiciones de fricción lubricada.

Todas las aleaciones experimentales pueden usarse para una amplia gama de piezas que trabajen en condiciones de fricción lubricada. Como se observa la aleación b5 puede sustituir al bronce perfectamente, de acuerdo a todas sus propiedades y sobre todo a que no afecta al material del eje en una proporción sensiblemente superior al bronce. Se debe recordar que el ensayo realizado fue en condiciones muy severas con fricción seca, que no es el caso real en que se desea hacer la aplicación. En ese caso hay fricción límite con tendencia a mixta. La aleación que se escoja será usada para la base del cojinete, y sólo cuando se desprenda la capa antifriccional de aleación Babbitt, será que habrá contacto directo entre el eje y la base del cojinete. En este caso se producirá un desgaste de tipo adhesivo, la aleación b5 funcionará aproximadamente igual que el bronce al plomo, tradicionalmente usado para esas bases. Y las otras aleaciones experimentadas tendrán también un comportamiento mejor ante este tipo de desgaste que el hierro fundido común, pues su dureza es superior y más cercana a la del eje que el HFB, aunque suficientemente alejada de la dureza del mismo. Esto traerá como consecuencia una mayor durabilidad hasta que se produzca el mantenimiento y restitución del cojinete, y una menor afectación superficial de los muñones.

3.11 Comparación final entre las aleaciones experimentadas.

Se puede concluir de los resultados, que las aleaciones experimentadas que tienen una matriz bajo aleada presentan propiedades mecánicas superiores y una resistencia al desgaste muy superior y que sin embargo, se puede lograr, mediante la adición de Al en la cuchara, dureza inferior a la del eje y mejores cualidades tribológicas ante el desgaste de tipo adhesivo en fricción con lubricación límite con tendencia a mixta. A esto contribuirá también el rodillado de la superficie del muñón del eje, lo que facilitará la lubricación y evitará las adherencias entre ambas superficies. Estas fundiciones pueden usarse a partir de una fundición base bajo aleada producida con base a chatarra de maquinaria, en talleres donde este tipo de fundición constituye un rubro básico de producción. Estas aleaciones, gracias a las cualidades metalográficas alcanzadas, podrán ser un sustituto aceptable para el bronce tradicionalmente usado, Ya que la relación dureza de la aleación con respecto a la dureza del eje está más cerca, aunque alejada, y esto permite que no cause daños significativos al eje y que al mismo tiempo aumente la durabilidad de la base y en este aspecto son superiores incluso al bronce, que tiene grandes cualidades tribológicas pero necesita reparaciones más cercanas, lo que incrementa los gastos de mantenimiento. Este hecho también es importante para el caso en que la capa de rodamiento del cojinete ocurre en medio de un viaje del carro de carga, alejado del punto donde se le realiza inspección a los cojinetes, y en estos casos frecuentes ocurren daños considerables al eje, lo que incluso obliga a reparación por maquinado de sus muñones, o puede incluso obligar a la salida de explotación del eje.

Las fundiciones grises comunes bajo aleadas con aluminio, en la cuchara, pueden sustituir perfectamente al bronce tradicional, e incluso superarlo en cuanto a la durabilidad de la base del cojinete, debido a las mismas causas explicadas anteriormente. O sea la durabilidad de ellas como base se puede garantizar que son superiores a las del bronce, que es un material blando, por lo que en un contacto directo algo prolongado con el eje, se pueden saltar partículas de bronce que complican el mecanismo de desgaste, mientras con la fundición gris común con Al, por ser de una dureza superior, aunque suficientemente alejada de la del eje, puede resistir un tiempo mucho más prolongado de fricción directa sin dañar significativamente al eje, por no contribuir ni al aumento del desgaste adhesivo ni a la aparición de desgaste abrasivo. Las fundiciones grises comunes son incluso más baratas que las fundiciones aleadas y más fáciles de producir.

Se pueden utilizar en cualquier taller que posea una chatarra convencional de menor costo y menores exigencias, de tipo estructural. El costo de estas fundiciones es inferior a las de matriz bajo aleada y todas son de mucho menor costo que los bronces.

De todas las fundiciones experimentadas en este trabajo la b5 reúne el mejor comportamiento integral de todas las propiedades analizadas.

3.12 Impacto económico de la sustitución del bronce por fundición gris antifriccional aleada con aluminio.

Si a partir de modificaciones en la estructura de las fundiciones con elementos aleantes, se logran mejorar sus cualidades tribológicas y mecánicas, estos materiales se convierten en una fuente importante de sustitución de materiales altamente costosos y que se encuentran ya casi agotados en la corteza terrestre. Para la situación de nuestro país el empleo de materiales tradicionales mejorados, se convierte en una alternativa económicamente justificable por su bajo costo de producción, y además, son innecesarias inversiones pues ya existen talleres con las condiciones para estas producciones. Si se cuenta con una caracterización que permita una selección más adecuada, en correspondencia a las solicitudes de explotación, aumenta la durabilidad del par tribológico y con ello el ahorro por concepto de sustitución.

En la actualidad se recupera el muñón del eje del carro jaula hasta hacer desaparecer sus defectos superficiales y la holgura existente entre el mismo y el cojinete plano se rellena con aleación antifricción alcanzándose espesores de hasta 8 mm y más, por lo que se necesitan 2,7 kg de metal antifricción (3000 USD/t) por cada cojinete.

Tanto la aleación antifriccional como el bronce de la base (2000 – 3000 USD/t) constituyen rubros de importación con alto precio en el mercado internacional, el cual se eleva constantemente.

En el caso del presente trabajo se facilita la sustitución del material de la base del cojinete de fricción de los vagones ferroviarios de carga para el transporte de la caña, que son fabricados de bronce; cada cojinete tiene una base de 5,7 kg de bronce y cada equipo tiene ocho chumaceras, lo que significa que cada carro jaula para el transporte de la caña de azúcar consume 45,6 kg de este material.

En el censo realizado en la provincia para el comienzo de la zafra 2009 – 2010 se alistaron 925 carros jaulas lo que equivale a 42 180 kg de bronce empleados, si bien es cierto que en los últimos cinco años sólo un 43 % del parque total ha tenido participación directa en la zafra como consecuencia de la puesta en marcha de un reducido número de industrias, hay que destacar que la tendencia en el consumo promedio de cojinetes por concepto de reposición ha ido incrementándose en las contiendas, a pesar de la disminución de equipos vinculados. La principal causa de este incremento está relacionada con el deterioro de los muñones, lo que fue descrito en el epígrafe 2.5.

Desde la contienda 2006 – 2007 hasta la 2010 – 2011 en la provincia de Camagüey se han sustituido un promedio de 58 cojinetes por contienda, lo que representan 1653 kg de bronce consumido.

En la actualidad se encuentran funcionando más de cinco mil carros de este tipo en todo el país. La implementación de la sustitución de base de bronce del cojinete representará un ahorro de cientos de toneladas anuales de bronce

(2000-3000 USD/t) al cambiarlos por fundición gris que tiene un costo de alrededor de 200 USD/t. La adición de aluminio es muy baja, menor de 4%, por lo que el costo aumenta en cantidades insignificantes. Las fundiciones aleadas experimentadas no alcanzan los 200 USD/t de costo.

Si a esto se le suma el hecho de fabricar el cojinete adaptado a las dimensiones del eje reparado, a fin de lograr una reducción significativa en el consumo de metal antifricción se producirá un ahorro importante en ese material que es importado y que tiene un costo elevado y siempre en ascenso, de más de 3000 USD/t.

3.13. Conclusiones parciales.

1. Se diseñó la tecnología de reacondicionamiento del eje deteriorado.
2. Se diseñó el dispositivo para realizar el rodillado del muñón del eje. Se ofrece el plano de ensamble y las vistas de las piezas. Se obtuvo certificado de invención.
3. Se validó la tecnología de reacondicionamiento del eje, habiéndose aplicado a la recuperación de más de 300 ejes con un efecto económico de 108 000 USD.
4. La fundición experimental (a1) con matriz bajo aleada con Cr, Ni y Cu, obtenida a partir de chatarra de maquinaria, modificada mediante adición en la cazuela con aluminio en un (aprox. 3 % Al) y un (2,1%Si) permitió obtener una estructura predominantemente perlítica (86 %) con una elevación de las inclusiones de grafito (hasta 13%) y presencia de ferrita (hasta 13,3%), lo que conlleva a una dureza de la aleación de 250 HB promedio, una elevación de la resistencia al desgaste severo seco por fricción contra el material del eje AISI 1045 normalizado, sin una disminución de las demás propiedades mecánicas, lo que la convierte en admisible para sustituir al bronce de la base del cojinete plano, sin una afectación grande al eje.
5. La aleación b5, fundición gris común, ferrito – perlítica, con adiciones en la cuchara de (4%Al; 3,6%Si), es la que reúne las mejores propiedades integralmente para sustituir el bronce de la base de los cojinetes planos, por presentar menor dureza (125 HB) pero superior a la del bronce (40-70HB) y muy bajo desgaste del eje (0,000382 mm^3), casi similar a la del bronce (0,000305 $mm^{3)}$) en condiciones severas de fricción. Estas características son provocadas por un aumento de las inclusiones de grafito (15%HB) y de la

cantidad de ferrita (47%). El resto de las propiedades mecánicas, de fundición y maquinado son superiores a las del bronce. Esta aleación fue la mejor, integralmente, de todas las experimentadas.

6. El costo de estas fundiciones grises está alrededor de los 200 USD/t lo que es muy inferior a los costos del bronce, cuyo precio internacional se eleva constantemente y fluctúa entre 2000 – 3000 USD/t.

Conclusiones generales

CONCLUSIONES GENERALES

1. Se diseñaron y obtuvieron las fundiciones grises antifriccionales con Al en dos variantes:

- Con matriz bajo aleada (Cr, Ni, Cu) a partir de chatarra de maquinaria y aleando en la cuchara con aluminio (0-4%). Siendo la mejor, integralmente la a1, con adición en la cuchara de (3%Al; 2,25%Si).
- Con matriz común a partir de chatarra estructural y aleando en la cuchara con aluminio (0-4%). Siendo la mejor la b5, fundición gris común con adición en la cuchara de 4%Al y 3,6% Si.
- Todas las fundiciones grises aleadas con bajo aluminio (0-4%Al) experimentadas pueden usarse para una amplia gama de piezas que trabajen en condiciones de fricción lubricada. La fundición b5 (3,76%C; 4%Al; 3,6%Si) puede sustituir al bronce perfectamente, en las bases de los cojinetes planos del carro ferroviario para la carga de la caña de azúcar, de acuerdo a todas sus propiedades y sobre todo a que no afecta significativamente al material del eje ya que su acción de desgaste se acercó considerablemente a la del bronce tradicional, con un ahorro considerable con base a la diferencia en el costo de producción de ambas aleaciones (2000-3000 USD/t la del bronce por 200 USD/t la fundición gris propuesta). Los ensayos realizados fueron en condiciones muy severas con fricción seca, superiores a las reales de explotación, lo que garantiza la certeza de los resultados.

2. Se elaboró una tecnología de reacondicionamiento para el eje del carro ferroviario de transporte de caña de azúcar, previendo escalones en diámetro para el maquinado, a fin de eliminar los defectos superficiales en el muñón, que incluye el rodillado de la superficie del mismo con el objetivo de elevar la resistencia al desgaste adhesivo. Se prevé la fabricación y acople de cojinetes de deslizamiento con las dimensiones adecuadas al muñón del eje reparado, de forma que permita elevar la vida útil de los elementos del par de fricción y facilitar el trabajo de mantenimiento, disminuyendo importaciones. Esto permitirá mantener el espesor de la capa de rodamiento en los parámetros correctos 1-3 mm.

3. Se diseñó y construyó un dispositivo para el rodillado del muñón, adaptado al torno horizontal donde se realiza el torneado de reparación del eje. Se obtuvo patente de invención.

4. Se introdujo la tecnología de reacondicionamiento del eje y se han regresado a la explotación más de 300 ejes con un efecto económico de 108 000 USD.

Recomendaciones

RECOMENDACIONES

1. Se debe introducir la fabricación de cojinetes planos con dimensiones adecuadas a los escalones de reacondicionamiento propuestos para el eje.
2. Debe realizarse un ensayo de desgaste adhesivo en condiciones de lubricación límite a mixta, para modelar con rigurosidad las condiciones de explotación del par eje- cojinete plano, a fin de determinar todos los parámetros tribológicos, lo que será una herramienta que facilite la investigación futura para la evaluación de las fundiciones seleccionadas.

Bibliografía

BIBLIOGRAFÍA

1. AFS.. *Iron Casting Handbook*. Iron Casting Society, Inc. (1998). [s.n].
2. AISI 1045. Steel. [en línea]: Recuperado el 22 de junio del 2009, de. http://www.matweb.com/Search/GetReference.asp?=bassnum=M101045F
3. Álvarez E. (1995). Máquina para el estudio del desgaste abrasivo en pares tribológicos. *Const. de Maquinaria*. UCLV. Año 20.(2). (pp. 69-76).
4. Álvarez, E. *(2000). Tribología. UCLV, Cuba. (s.n)*
5. American Heller. Skiving & Burnishing, (2006). Recuperado el 15 de junio del 2008 de http// www.americanheller.com.
6. Ancho de vía. (2005) [en línea]. Recuperado el 13 de febrero del 2010. http://es.wikipedia.org/wiki/Ancho_de_v%c3%Ada
7. Anderson, J.C, Leaver, K.D, Rawlings, R.D. y Alexander, J.M. (1998). Ciencia de los Materiales. (4ta ed.). London: Chapman & Hall.
8. Arenillas. J. (2005). Trenes de Alta Velocidad [en línea]. Recuperado el 18 de febrero del 2010, de http://www.railforum.net/PresentacionesPonencias.pdf>
9. Askeland, D. (1993). *La Ciencia e Ingeniería de los Materiales.* (4ta, ed). México: Grupo Editorial Iberoamérica.
10. ASTM A 319. (2002) Annual Book of ASTM standards. section one. iron and steel products
11. ASTM E10-00. (1998). Método de la prueba normal para la dureza de Brinell de materiales metálicos.
12. ASTM Handbook. (1992). *Friction, Lubrication and Wear Technolog*. (Vol 18). USA: Edited by D. Olson Hardbound.
13. Avner,S.H.(1990).*Introducción a la metalurgia física*.(2da,ed).Ed.Mc.Graw- Hill
14. Balance final de zafra 1989/1990", Ministerio del Azúcar. Cuba
15. Buchholtz, H, Kioster, W. Stahl u. Eisen. (1960). S.687n.50. [s,n].

16. Cálculos para la Construcción de Vagones. (1970). La Habana., Cuba: Edit. Ciencia y Técnica.
17. Callister, W. (2003).*Material Science, and Introduction.* (6ta, ed). New York: John Wiley & Sons cop.
18. Cano J. Prescripciones Técnicas del Material Rodante Convencional. NTC MA RENFE (Red Nacional de los Ferrocarriles Españoles). (2004). [en línea]. Recuperado el 22 de febrero del 2010, de http://eur- ex.europa.eu/LexUriServ/LexUriServ.do?uri=100:0017:0026:ES:
19. Cano. J. "Prescripciones Técnicas del Material Rodante de Alta Velocidad" N.T.C. MA 009. RENFE (Red Nacional de los Ferrocarriles Españoles).(2003) [en línea]. Recuperado el 22 de febrero del 2010, de http://eur- ex.europa.eu/LexUriServ/LexUriServ.do?uri=:100:0017:0026:ES:PDF
20. Casting Source. (2001). Casting Source." Mechanical Properties of Gray Iron".
21. Cisneros, A. (2001). *Composite base plomo con polvo de bronce como refuerzo*. Tesis de doctorado no publicada en Ingeniería Mecánica. Universidad de Oriente, Santiago de Cuba, Cuba.
22. Comisión 6 (Vagones) de la OCF. (1988). Organización de Colaboración de los Ferrocarriles de los Países Socialistas. Traducción. MITRANS. Cuba
23. Copola Handbook, (1999). (6 [ta]. Ed). EE.UU: AFS.
24. Costa Martínez. V. Trenes Españoles para Chile. Continúa la venta de material ferroviario de Renfe. (2001) [en línea]. *Revista Hobby Tren*. Recuperado el 15 de febrero del 2010, de http://www.fortunecity.com/?sid=fcfooterhosting
25. Cronología del ferrocarril. (2001) [en línea]. Recuperado el 13 de febrero del 2010, de http://es.wikipedia.org/wiki/Cronolog%C3%ADa_del_ferrocarril.
26. Decisión de la Comisión, de 28 de julio de 2006, sobre la especificación técnica de interoperabilidad referente al subsistema material rodante-vagones de mercancías del sistema ferroviario transeuropeo convencional [en línea]. Recuperado el 25 de septiembre del 2009, de http://eur-ex.europa.eu/LexUriServ/LexUriServ.do?uri=CELEX:32006do861:es.

27. Desarrollos Tecnológicos TALGO.(2005) [en línea]. Recuperado el 15 de febrero del 2010, de http://www.talgo.com/htm/tecnologiadesarrollos01.htm#5
28. Díaz, S.R. (2006).Implementación de un procedimiento metodológico para la elaboración de piezas por bruñido con rodillo simple. Tesis de doctorado no publicada en Ingeniería Mecánica. Universidad Central "Martha Abreu" Las Villas.Cuba
29. El Axir, M.H., Serage, S. M. (1988) Investigations into the burnishing of external cilyndrical surface of 70/30 Cu-Zn alloy. *Wear*, Vol. 127, Issue 2,(pp 123 – 137) UK.
30. El khabeery, M.M. (2003). Influence of ortogonal burishing parameters on surface characteristics for various materials. *Journal of Materials Processing Technology*, Vol. 132, (1-3). (pp. 82 – 89). The Netherlands.,
31. Elliot Tool Co. "Carbide roll burnishing tools", (2007). Recuperado el 28 de agosto del 2008 de http//www.elliottool.com.
32. Estrada, R. (1983). *Construcción y reparación del truck.* Ciudad Habana, Cuba: Edit. Pueblo y Educación.
33. Fernández Levy, Gilda. (1987) Resistencia de Materiales, (pp, 337 – 339). Cuba: Pueblo y Educación.
34. Fernández, T.C, Rodríguez, I.G, Alcantaras – Borges . (2009). D.Tensión – Deformación durante la deformación plástica con rodillos. Revista Ingeniería Mecánica. Vol 12, (13), (pp 13 - 22). ISSN 1815 – 5944. Editorial CUJAE.
35. Fernández, T.C, Rodríguez, I.G. (2008).Procedimiento para endurecer el acero 45 mediante la deformación plástica con rodillo simple. *Revista Ingeniería e Investigación.* Vol. 28, (1), (pp. 15 – 21). Cuba.
36. González. Raide (2009). Tacón de Torque para uso ortopédico: Desarrollo de un nuevo material para su fabricación. Tesis de doctorado no publicada en Ingeniería Mecánica. Universidad Central "Marta Abreu" de Las Villas, Cuba.
37. González G. J. (1985). *Régimen de corte para la elaboración por arranque de virutas* Tomo 1. I.S.A.I.C.C. Cuba: Pueblo y Educación.
38. GOST 3443-87.Análisis de la estructura del grafito.

39. Green Keith, Cree James. Patente. EE.UU. 5,163,391. (1992). Oficina de Patente y Marca de E.U.
40. Guirchovich, N. G. (1998). *Manual del hierro fundido.* (2da. Ed.) Leningrado, URSS: Mashinoestroienie
41. Guliaev, A. P. (1983). *Metalográfia* (2da ed). Moscú: Editorial MIR
42. Gundlach, R. B. (1979). Microstructure, Hardness and Abrasive Resistance of As-Cast 17.5 Chromiun White Irons. [versión electrónica]. Revista, American Foundrymen's Society, Vol.82.
43. Hasegawa, S.(2001).*The road to smoother surfaces, Manufacturing Engineering.* (Vol. 126, No. 2), (pp, 70 – 78). USA.
44. ISO Recommendation R-184.Clasification of Grey Cast Iron. (1ra ed). (1981).
45. ISO Recommendation R-185.Clasification of Grey Cast Iron. (1ra. ed). (1981).
46. Janowak, J. K. & Gundlach,(1987). R. B. *Fundiciones Grises aleadas.* [s.l.]: s.n].
47. Jerez, A. (1981). *Construcción, Cálculo y Reparación de Vagones.* Ciudad de la Habana, Cuba: Edit. Científico Técnica.
48. *Key to Steel. Cast irons (b).* (s.f.). [en línea]. Recuperado el 15 enero del 2010, de http://www.key-to-steel.com/Articles/Art 63.htm
49. Key to Steel. Cast irons, (c*),*(s.f.). [en línea]. Recuperado el 15 de enero del 2010, de http://www.key-to-steel.com/Articles/Art 92.htm
50. Koie.T. (1991). Jp3281753,[s.n].
51. Kragelsky,I.V y Alisin, V.V. (1981). Friction .Wear, Lubrication. (T. 1-2). Muscuw: Mir. Publishers...URSS.
52. Krause, D.E. (1989). *Gray Iron – A Unique Engineerring Material. Grey, Ductile and Malleable Iron Castings-Current Capabilities.* Philadelphia: [s.n.].
53. Lajtin. Yu.M, (1977). Metalografía y Tratamiento térmico de los metales. Editorial Mir, Moscú. URSS.Lee S.S.G. (1992). An investigation into the ball burnishing of an AISI 1045 free-form surface. *Journal of materials Processing Technology*, Vol. 29, (1-3), (pp. 203 – 211). The Netherlands.
54. Lee S.S.G. (1993). Ball burnishing of 316 bL stainless steel, *Journal of Materials Processing Tecnology*, Vol. 37, (1-4), (pp 241- 251). The Netherlands.

55. Loh, N. H. (1989). A study of effects of ball – burnishing parameters on surface roughness using factorial design. *Journal of Mechanical Working Technology*, Vol. 18, (1), (pp. 53 – 61). The Netherlands. (a)
56. Lee S.S.G. (1992). An investigation into the ball burnishing of an AISI 1045 free-form surface. *Journal of materials Processing Technology*, Vol. 29, (1-3), (pp. 203– 211). The Netherlands.
57. Lee S.S.G. (1993). Ball burnishing of 316 bL stainless steel, *Journal of Materials Processing Tecnology*, Vol. 37, (1-4), (pp 241- 251). The Netherlands.
58. Loh, N. H. (1989). A study of effects of ball – burnishing parameters on surface roughness using factorial design. *Journal of Mechanical Working Technology*, Vol. 18, (1), (pp. 53 – 61). The Netherlands. (a)
59. Loh, N. H. (1989). Statistical analyses of the effects of ball burnishing parameters on surface hardness. *Wear,* Vol.129, Issue 2, (pp 235– 243). UK. (b)
60. Lyons,L.J. Patente EE.UU.2288635.New York; (1942). Oficina de Patente y Marca de E.U.
61. Mallo, M. (1987). *Manual teórico práctico del mecánico forjador*. (pp, 93 – 121 y 145 – 152). Editorial Pueblo y Educación, Cuba
62. Manual de Usuario (1996) [en línea]. Recuperado el 25 de febrero del 2010, de ftd://ftp.srac.com/Web/pdfs/prodBrocs/COSMOS/M.PDF. http://es.wikipedia/Wiki/Fatiga_de_materiales.
63. Manual de usuario (1997) [en línea]. Recuperado el 25 de febrero del 2010, de http://www.iberisa.com/cosmosm/geostar.htm
64. Material Rodante. (1998), [en línea]. Recuperado el 13 de febrero del 2010, de http://es.wikipedia.org/wiki/Material_rodante
65. McLean, A. & Anderson, V.L. (1996). Extreme Vertices Design of Mixture Experiments. (Vol. 8, N.3). Technometrics

66. Michael. M. (2002). Micro strain in HMX investigated with poder X-Ray diffraction an correlation with the mechanical sensitivity. JCPDS – International Centre for Diffraction, Advances in X- Ray Analysis, Vol. 45, (pp 212 – 217).

67. Miphorski. (2004). Fractografía Electrónica: su Contribución al Análisis de Fallas. *Revista SAM*. Vol 1, (2). ISSN 1668-4788. [en línea]. Recuperado el 3 de marzo del 2010, de http://www.materiales-sam.org.ar.

68. Nibert, A.N. (1987). Resistencia al desgaste de guías tratadas por rodillado, Máquinas Herramientas, No. 5,(pp. 25 – 26). URSS.

69. Nieto . A. (1997). España adaptará su red ferroviaria al ancho europeo. [en línea].Recuperado el 15 de febrero del 2010, de http://www.webbalalza.com/story.php?id=220.

68. Ogburn, F. (2001).*Roll to the finish, Cutting Tool Engineering*, (Vol.53, No.6), (pp, 54 – 57). USA.

69. Oller, S. & Suero, A. (1999). Tratamiento del fenómeno de Fatiga Isotérmica Mediante la Mecánica de Medios Continuos. [versión electrónica]. *Revista Internacional de Métodos Numéricos para el cálculo y diseño en ingeniería*. Vol. 15. (113 – 133).

70. Orlov. P. (1975). Ingeniería de Diseño, Editorial Mir, Moscú. URSS

71. Parámetros dimensionales de la trocha de vía. K.1. (2001) [en línea]. Recuperado el 13 de febrero del 2010, de http://europa.eu.int/eur-lex/es/editorial/legal_notice.htm.

72. Pearson, W.B. (1987). *A handbook of Lattice Spaciness and Structures of Cristals and Alloys.* (Vol. 2). Oxford: Peryaman Press.

73. Perdomo, L. (2000). *Obtención de un fundente aglomerado aleado para el recargue a partir de los productos de la reducción de la cromita refractaria cubana*. Tesis de doctorado no publicada. Instituto Superior Minero Metalúrgico de Moa, Cuba.

74. Petty, E.R.. (1988). *Physical Metallurgy of Engineering Materials.* USA: George Allen and Unwin Lyd.

75. Pino, L. (2005). Obtención de hierro resistente al desgaste abrasivo, mediante aleación en la cuchara empleando el sistema Mn-Cr-Mo-Ni-Cu. Tesis de doctorado no publicada en Ingeniería Mecánica. Universidad Centra "Marta Abreu" de Las Villas, Cuba.
76. Pisarenko,G.S .(1989),*Manual de resistencia de los materiales.* Editorial Mir, Moscú. URSS
77. Recomendación de la Comisión, de 21 de marzo de 2001, relativa a los parámetros fundamentales del sistema ferroviario transeuropeo. 32001H0290. [en línea]. Recuperado el 18 de febrero del 2010, de file:///D:/editorial/legal_notice.htm .
78. Repey,C.T..Patente EE.UU.1684146.Chicago; (1928).Oficina de Patente y Marca de E.U.
79. República de Cuba. (1996). *Norma NRMT – 119 de 1992 y la Resolución FCDG 204 – 96 de la. Normas, limitaciones y obligaciones en el mantenimiento, reparación y explotación de los equipos ferroviarios en Cuba.* MITRANS.
80. Rodrigo, Félix. (2000). Los orígenes del ferrocarril en el Reino de España. [en línea]. Recuperado el 10 de febrero del 2010, de http://es.wikipedia.org/wiki/Ferrocarril#column_one.
81. Roldan. L. (1999). La evolución del ferrocarril. Universidad de Costa Rica. Segundo artículo. [en línea]. Recuperado el 10 de febrero del 2010 de http://www.ferrocarriles/ferro/cientec.laevolucion del ferrocarril.htm
82. Rose, S. (2003). Rolling a superior finis, T&P Shop Talk, Tooling & Production Magazine. Recuperado el 25 de octubre del 2010 de http://www. Cnc-training.com.
83. Ruff, G.F & Wallace. J.F.(1977) Graphite configuration in Gray airon, AFS.Transactions
84. Shackelford,J.F. (1996). *Introduction to Materials Science for Engineers.* Prentice Hall International, Inc,[s,n].

85. Shadur, L.A, (1980). *Vagones. Construcción. Teoría y Cálculo. (pp,* 120-124). Moscú: Edit. Transporte.

86. Shadur, L.A. (1980). *Vagones. Construcción Teoría y Cálculo*. (pp. 116 -118). Moscú, URSS: Edit. Transporte

87. Sil'man, G.I. (2002). Carbono Equivalent of Elements in Cast Iron. [versión electrónica] *Revista.Translated from Metallovedenie Termicheskaya Obrabotka Matallov.* Vol. 11, 26 – 29.

88. Suzuki,T. (1981). *Hardening Method for Alloy Cast Iron* JP56108823, [s.n]

89. Tian, H.H. (2002).*Wear Resistant Materials for Engineering and Mining.* [s.n].

90. Vázquez, J.C. (1997). *Elementos de control del desgaste*. (s.f.). [en línea]. Recuperado el 23 de enero del 2010, de http://www.mcc.rcanaria.es

91. Westerman, W.J. (1983). Industry rediscovers roller burnishing, Machine Design, Vol. 55, (19), (pp 44 – 48). USA.

Anexos

ANEXO 1

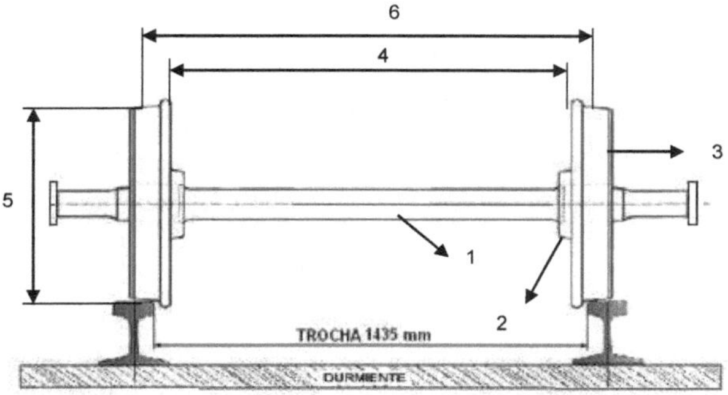

Figura 1. Par de ruedas. 1) Eje; 2) centro de rueda; 3) disco o rueda; 4) distancia entre los extremos interiores; 5) diámetro del círculo de rodamientos; 6) distancia entre los contornos de pisada. [22]

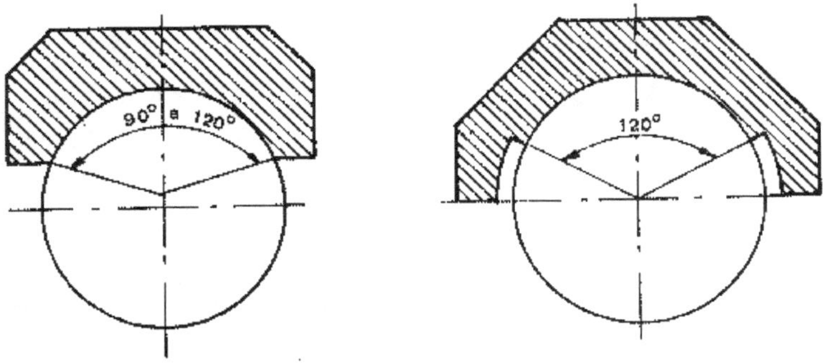

Figura 2. a) Cojinete con una superficie de apoyo de 120°; b) cojinete extendiéndose 180°C pero con una superficie de apoyo de 120°C. [22, pp. 52]

ANEXO 1

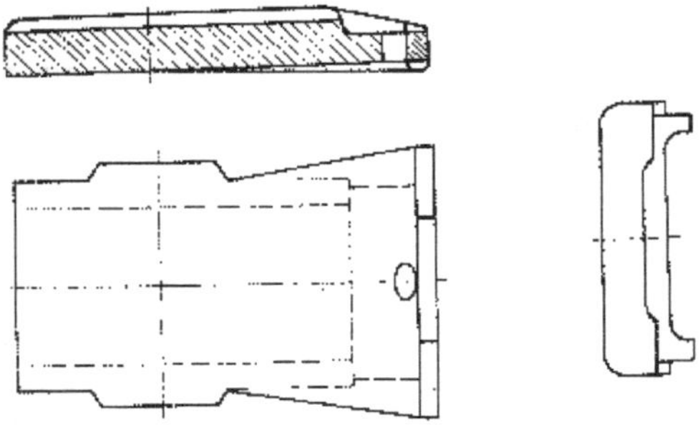

Figura 3. Cuña para cojinete de fricción. [22. pp. 53]

ANEXO 2

Tabla 1. Propiedades del estudio.

Tipo de malla:	Malla sólida
Mallador utilizado:	Malla estándar
Transición automática:	Activar
Superficie suave:	Activar
Verificación jacobiana:	4 Points
Tamaño de elementos:	30 mm
Tolerancia:	1.5 mm
Calidad:	Alta
Número de elementos:	28973
Número de nodos:	44750
Tiempo para completar la malla (hh;mm;ss):	00:00:03
Nombre de computadora:	CEEFREP-20

Tabla 2. Propiedades del material del eje.

Nombre de propiedad	Valor	Unidades	Tipo de valor
Módulo elástico	2.05e+011	N/m^2	Constante
Coeficiente de Poisson	0.29	NA	Constante
Módulo cortante	8e+010	N/m^2	Constante
Densidad	7850	kg/m^3	Constante
Límite de tracción	6.25e+008	N/m^2	Constante
Límite elástico	5.3e+008	N/m^2	Constante
Coeficiente de dilatación térmica	1.15e-005	/Kelvin	Constante
Conductividad térmica	49.8	W/(m.K)	Constante
Calor específico	486	J/(kg.K)	Constante

Figura 1. Mallado del eje

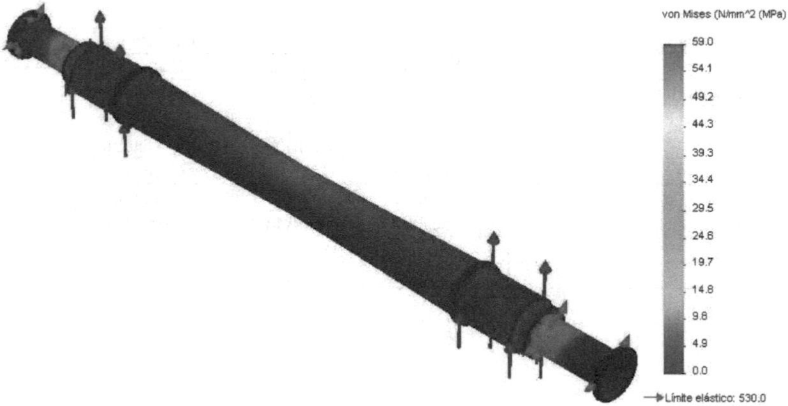

Figura 2. Análisis tensional

Figura 3. Factor de seguridad.

Tabla 3. Resultado del análisis.

Nombre	Tipo	Mín.	Ubicación	Máx.	Ubicación
Tensiones1	VON: Tensión de von Mises	0.00163723 N/mm^2 (MPa) Nodo: 40878	(1943.31 mm, 58.5543 mm, 82.4243 mm)	59.008 N/mm^2 (MPa) Nodo: 41957	(114.974 mm, -47.493 mm, 45.1648 mm)
Desplazamientos1	URES: Desplazamiento resultante	1.53009 mm Nodo: 42462	(168.441 mm, -73.0191 mm, 54.7203 mm)	1.60194 mm Nodo: 43770	(1515.17 mm, -81.3831 mm, 54.7203 mm)
Deformaciones unitarias1	ESTRN: Deformación unitaria equivalente	6.86837e-009 Nodo: 40878	(1943.31 mm, 58.5543 mm, 82.4243 mm)	0.000247545 Nodo: 41957	(114.974 mm, -47.493 mm, 45.1648 mm)

Figura 4. Máquina de ensayo tribológico de desgaste.

Tabla 4. Parámetros establecidos por la metodología propuesta por el Instituto Científico Ferroviario de la URSS ("Comisión 6 (Vagones) de la OCF", 1988).

Parámetro	Ecuación
Carga estática sobre el eje descontando el peso del par de ruedas	$Q_s = \frac{W}{4} - \text{Par}$
Carga dinámica en el muñón más cargado	$Q_{d1} = \frac{Q_s}{2} \cdot \left(k_d + \frac{h}{2 \cdot b_2}\right)$
Carga dinámica en el muñón menos cargado	$Q_{d2} = \frac{Q_s}{2} \cdot \left(k_d - \frac{h}{2 \cdot b_2}\right)$
Momento flector del muñón más cargado	$M_l = Q_{d1} \cdot \frac{L_1}{2}$
Diámetro requerido para más cargado	$d_1 = \sqrt[3]{\frac{32 \cdot M_l}{\pi \cdot \sigma_1}}$
Tensión equivalente en el muñón	$\sigma_{el} = \frac{M_l}{0.1 \cdot d_1^{3}}$
Coeficiente de reserva de resistencia en régimen no estacionario	$n_1 = \frac{\sigma_{fat}}{\sigma_{el}}$

ANEXO 3.1

a) Pasada de desbaste.

- Determinación de la profundidad de corte

$$h = \frac{D - d}{2} \qquad (1)$$

Donde: D = 107,95 mm d = 103,72 mm

Sustituyendo en (1)

$h = 2{,}11\ mm$

Profundidad de corte :

Desbaste (t_1) se toma entre (0,5 – 2,0) mm

Acabado (t_2) , se toma entre (0,1 – 0,4) mm (González, 1985)

Se asume como t_2 =0,4 mm.

$$t_1 = h - t_2 \qquad (2)$$

Sustituyendo en (2) $t_1 = 1{,}71\ mm$

b) Selección del avance a emplear para ambas pasadas.

De acuerdo a los datos de la máquina la cuchilla de mayor dimensión que se puede utilizar es de 25 x 40 mm, con este dato se seleccionan los avances para ambas pasadas.

Desbaste según tabla 20 de (González, 1985)

$$S_1 = 0{,}8\ {}^{mm}/_{rev}$$

Acabado según tabla 22 de (González, 1985)

$$S_2 = 0{,}11\ {}^{mm}/_{rev}$$

Consultando la gama de avances del torno se selecciona:

S_{r1} = 0,6 mm/rev y S_{r2}= 0,1 mm/rev

c) Cálculo de la velocidad de corte: para la pasada de desbaste.

$$V = \frac{C_V}{T^m \cdot t^{xy} \cdot S_o^{Y_y}} K_v \qquad (3)$$

Donde:

C_v : constante de las condiciones de maquinado

S_o : avance

T : vida útil del filo de la herramienta en minutos

t : profundidad de corte

Exponentes: $m;\ X_y; Y_v$

K_v : factor general de corrección

C_v= 56 X_v= 0,25 y_v= 0,26 m = 0,125 Tabla. 26 de (González, 1985)

$$Kmv = \frac{750}{\sigma_r} \qquad (4)$$

tabla 22:

AISI 1045 σ_r= 610 MPa (Callister, 2003)

Sustituyendo en (4): $Kmv = 1{,}22$

$$\mathbf{K_v = K_{mv} \cdot K_{nv} \cdot K_{uv} \cdot K_{\varphi v} \cdot K_{qv} \cdot K_{ov} \cdot K_{rv}} \qquad (5)$$

$\mathbf{K_{mv} = 1,00}$ tabla 32 (González, 1985)

$\mathbf{K_{uv} = 1,00}$ 33

$\mathbf{K_{\varphi v} = 0,7}$ 34

$\mathbf{K_{ov} = 1,00}$ 35

Cuando se usan herramientas de aleaciones duras no se tienen en cuenta $K_{\varphi 1v}$, $K_{\sigma v}$ y K_{rv} .

Sustituyendo en (5): $K_v = 0{,}85$

En el presente caso se está trabajando con cuchilla de filo complementario, por tanto T = 45 min, según (González, 1985)

Sustituyendo en (3): $V = 39{,}6\ ^{m}/_{\min}$

d) ***Cálculo del número de revoluciones***.

$$N_c = \frac{1000 \cdot V}{\pi \cdot D} \qquad (6)$$

Donde: D: es el diámetro inicial

Sustituyendo en (6): $N_c = 116{,}76\ {}^{rev}/_{min}$

Números de revoluciones reales.

$$n_r \leq n_c + 5\%\, n_c \qquad (7)$$

Sustituyendo en (7): $n_r \leq 122{,}59\ {}^{rev}/_{min}$

Consultando la gama de revoluciones del torno se tiene que este posee un escalón con $95\ {}^{rev}/_{min}$, el siguiente $110\ {}^{rev}/_{min}$ y otro de $125\ {}^{rev}/_{min}$, por lo que se asume a $110\ {}^{rev}/_{min}$ como número de revoluciones reales a emplear.

- **Cálculo del régimen de corte para la pasada de acabado.**

$t_2 = 0{,}4mm$ y $S_{r2} = 0{,}11\ {}^{mm}/_{rev}$

- Cálculo de la velocidad de corte.

Sustituyendo en (3): $V = 183{,}07\ {}^{m}/_{rev}$

b) Cálculo del número de revoluciones

Sustituyendo en (7): $N_r \leq 565{,}86\ {}^{rev}/_{min}$

Consultando la gama de revoluciones del torno se observa que el escalón más cercano es de $550\ {}^{rev}/_{min}$ por lo que se asume el mismo como N_r de la pasada de desbaste.

- **Cálculo del tiempo de maquinado para el desbaste.**

$$T_{m1} = \frac{L \cdot i}{N_r . S} \qquad (8)$$

L : espacio recorrido por la herramienta en dirección del avance.

i : número de pasadas.

S : avance.

Calculando L :

$$L = l + y + \Delta \qquad (9)$$

l : longitud de la superficie a maquinar.

y : espacio que media entre el punto en que hace contacto el filo con el semiproducto y el momento en que se comienza a maquinar.

Δ : espacio de la herramienta a la salida del corte.

$y = t \cdot cot\varphi$ **(10)**

Donde φ es el ángulo de posición del filo principal.

Sustituyendo en (10): $y = 0$

Δ= 2 mm pág. 114 (González, 1985)

Sustituyendo en (9): $L = 205{,}2\ mm$

Sustituyendo en (8): $T_{m1} = 4.0$ min □

- **Cálculo del tiempo de maquinado para el acabado**

Sustituyendo en (10): $y = 0$

Sustituyendo en (9): $L = 205{,}2\ mm$

Sustituyendo en (8): $T_{m2} = 21{,}6$ min □

- **Tiempo total de maquinado**

$T_{mt} = T_{m1} + T_{m2}$ **(11)**

Sustituyendo en (11): $T_{mt} = 25{,}6$ min □

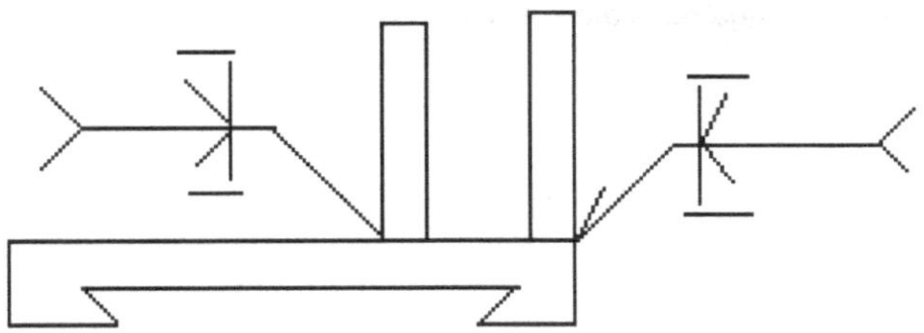

Figura 1. Unión por soldadura de los soportes inferiores y la base

ANEXO 3.2

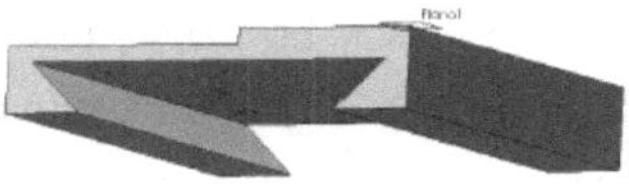

Base (1): Para la construcción e la base se tuvieron presente las dimensiones de las guías transversales del carro longitudinal del torno (ancho, 240 mm), así como las dimensiones del propio carro transversal (largo, 385 mm) y espesor de 40 mm en la parte superior.

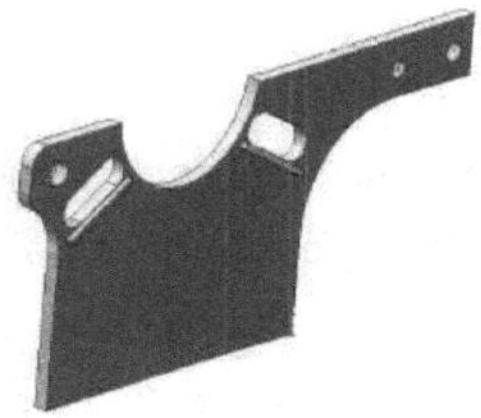

Soporte inferior (6): Se fabricó con placas de acero de espesor 10 mm, su diseño se realizó cumpliendo los siguientes requisitos: la longitud de su base se corresponde con la longitud de la base del dispositivo, buscando con ello la mayor área de apoyo. Las ranuras, que se observan sirven de guía para el desplazamiento de los rodillos inferiores y se elaboraron con los grados de inclinación señalados anteriormente (120°), además para evitar roces del eje con el dispositivo, en el centro superior del soporte se realizó un corte circular de radio 100 mm. La altura del soporte está en correspondencia con la altura del centro del torno, medida a partir de la guía trasversal del carro longitudinal (300mm). La longitud de su parte superior (525 mm) están dadas por la disponibilidad de espacio operacional, la cual está limitada por la presencia del porta herramienta del torno. Es por lo que, el extremo derecho superior del soporte presenta una prolongación de 320 mm, medido a partir de un eje que pasa por el centro de la base del eje a rodillar. Esta prolongación sirve para colocar el tornillo (8) del sistema de aplicación de carga, facilitando las operaciones durante el proceso de rodillado.

Soporte superior (5): Se fabricó con placas de acero de 10 mm de espesor; para su diseño se tuvo presente varios factores: correspondencia

ANEXO 3.2

con la dimensión superior del soporte inferior (longitud, 525 mm). La forma circular, (radio de 100 mm), y su centro está situado a 205 mm del extremo izquierdo del soporte superior. Esto permite que el soporte superior al cerrarse mantenga siempre una posición paralela con respecto a la base del dispositivo, independientemente de la variación posible de dimensiones, en diámetro, del eje a rodillar. En el extremo izquierdo están los orificios de acoplamiento con la bisagra (7), que se unen mediante los pasadores (12), lo que constituye el mecanismo de articulación del soporte superior.

Separador (13): Su longitud es de 110 mm, distribuidos de la siguiente forma: un escalón de 15 mm de diámetro en 60 mm de longitud; dos escalones de 12 mm de diámetro y 10 mm de longitud y dos escalones extremos de 15 mm de longitud con rosca M10. El escalón más largo es el que garantiza la separación entre las placas que forman a cada uno de los soportes (inferior y superior). Esta dimensión de la separación está dada por el ancho total de los rodillos con los rodamientos. Los escalones de 12 mm de diámetro entran en los orificios elaborados a ese fin en ambos soportes. Y los escalones extremos roscados tienen como objetivo apretar ambos soportes mediante la tuerca (2).

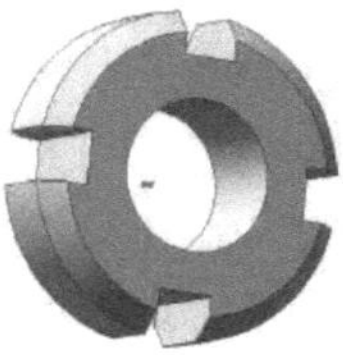

Tuerca para separador (2): Las dimensiones son: diámetro de 50mm y un espesor de 10 mm, con una rosca interior M 10. El sistema de articulación del soporte superior con respecto al inferior está constituido por cuatro piezas: 2 bisagras (7) y 2 pasadores (12).

ANEXO 3. 2

Bisagras (7): Están fabricadas de placas de acero de 10 mm de espesor de 130 mm de longitud y 25 mm de ancho. Presentan dos orificios de 15 mm de diámetro. La longitud es la necesaria para asegurar el paralelismo del soporte superior con respecto al inferior, en el momento del cierre del dispositivo.

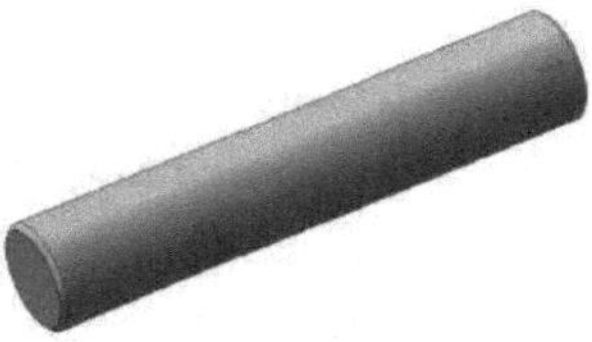

Pasador (12): Tienen una longitud de 80 mm, en correspondencia con el ancho total entre las caras exteriores de las placas y un diámetro es de 15 mm. Se ubican en los orificios elaborados en los extremos izquierdos de ambos soportes mediante un ajuste fijo (0,03 mm).

Rodillo (3): Las dimensiones son similares a la de los rodillos de la máquina especializada que se encontraba en la Unidad Básica de Vagones de los talleres ferroviarios de Camagüey. Su diseño se corresponde a las exigencias de diseño de los muñones. El radio en el extremo izquierdo del diámetro mayor esta en correspondencia con el radio que presenta el muñón en su extremo interior 15mm. La diferencia entre el diámetro mayor 145 mm y el diámetro exterior del escalón 81 mm, está dado por la altura máxima de la pestaña (collarín) exterior del eje, más 10 mm de holgura, el diámetro interior del rodillo (55 mm) se corresponde con el rodamiento a utilizar.

ANEXO 3. 2

Pasador (10a): Las dimensiones están dadas por su longitud total, 105 mm la que se distribuye de la siguiente forma: un escalón de diámetro 35 mm y 80 mm de longitud, un escalón superior de diámetro 50 mm y 10 mm de longitud que realiza la función de cabeza y una longitud de 15 mm con rosca M 30. El escalón de mayor diámetro 35 mm se corresponde con el diámetro interior del rodamiento a utilizar y con los agujeros que presenta el soporte superior, la longitud de este escalón se corresponde con la dimensión entre las caras exteriores de las placas.

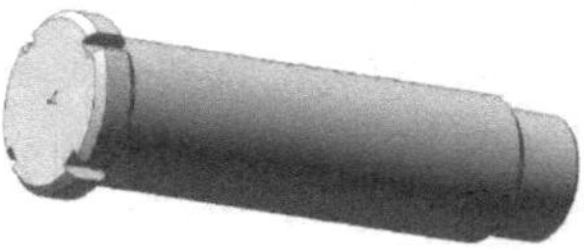

Pasador (10b): Las dimensiones del pasador son las mismas que las del anteriormente descrito, solo cambia el diseño de la cabeza, la cual presenta un plano que coincide con el nervio que sobresale en el plano inferior de las ranuras del soporte inferior (6). Esto garantiza que el pasador no gire cuando el rodillo se ajuste sobre el muñón del eje a rodillar, en la posición deseada.

Tuerca (14): Tiene como dimensiones un diámetro de 50mm y un espesor de 10 mm, con una rosca interior M 30, la misma es la que garantiza el ajuste del pasador (10 a y 10b).

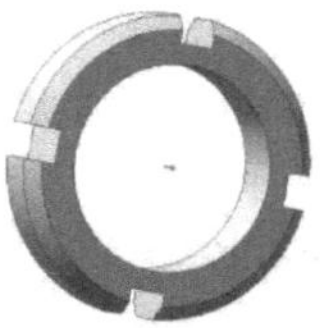

El sistema de ajuste de los rodillos al muñón se compone de dos piezas: las correderas (9) y los tornillos reguladores (11).

ANEXO 3. 2

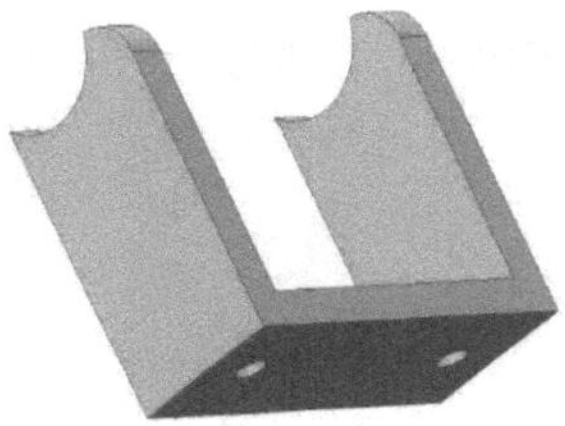

Correderas (9): Las dimensiones principales son: espesor 10 mm y la altura 25 mm. Estas presentan forma de C a fin de ajustarse a las ranuras elaboradas sobre las placas que conforman el soporte inferior. La dimensión interior de las correderas se corresponde con la dimensión del ancho entre las caras externas del soporte inferior. En la placa central de la corredera hay elaborados dos orificios de diámetro 12,5 mm para los tornillos reguladores (11). Estos tornillos M 12 se desplazan libremente por los orificios. Las placas laterales de la corredera tienen una longitud de 60 mm, lo que garantiza el desplazamiento máximo del rodillo. En el extremo de estas placas se elaboró una semicircunferencia de radio 25 mm con el objetivo de buscar la mayor área de apoyo entre la corredera y la cabeza y tuerca del pasador (10)

Tornillo regulador (11): Las dimensiones son: longitud de 80 mm y de ellos 70 con rosca M 12. La cabeza del tornillo presenta dos secciones una circular inferior de diámetro 22 mm que es la que estará en contacto directo con la corredera y una sección cuadrada en el extremo de 14 mm y 10 mm de profundidad a fin de facilitar el ajuste de la corredera.

El sistema para la aplicación de la carga esta compuesto por tornillo (8), manivela (4),entredos y pasador (12)

Manivela (4): Las dimensiones de la manivela o volante son: diamentro exterior 200mm y rosca interior en el nucleo trapecial metrica de 6mm de paso. La pieza esta fabricada de hierro fundido.

ANEXO 3. 2

Tornillo (8): Su longitud total es de 220 mm, con una longitud de 160 mm de rosca trapecial metrica de paso 6 mm y una cabeza rectangular 60x20x30, en la que se elaboro un agujero central de diametro 15 mm.

ANEXO 3.3

Ruta tecnológica para la fabricación del dispositivo fue el siguiente:

Corte; torneado; taladrado; cepillado; fresado; tratamiento térmico y ensamble.

005. Corte: para la obtención del semi producto de la estructura el proceso se realizó mediante el método de oxicorte. Para la obtención de los semi productos de los demás componentes se empleó el corte en máquinas de corte alternativo (segueta).

010 Torneado: todos los componentes fueron elaborados en el torno C11-MB, de fabricación búlgara.

015 Taladrado: se realizó en un taladro 2H125 de la URSS, además del proceso de ajuste que se realizó para las terminaciones exigidas en los orificios de la extractora.

020 Cepillado: los bordes de todo el cuerpo se realizaron en una limadora 7B36, además de otras operaciones realizadas a otros componentes.

025 Fresado: en la fresadora universal 6M13 de la URSS se elaboraron las ranuras de desplazamiento de los soportes de los rodillos.

030 Tratamiento térmico: solamente se sometieron a procedimientos de tratamiento térmico los rodillos de acero herramental, por su alto nivel de exigencia en cuanto a la dureza y para aumentar la durabilidad.

035 Ensamble: la unión de los cuerpos del dispositivo se realizó con auxilio del método de soldadura manual con arco eléctrico, luego se fueron colocando los demás componentes.

ANEXO 3.4

Tabla 1. Características de la mezcla de moldeo empleada en la obtención de los moldes para las probetas.

Propiedad	Valores
Resistencia a la compresión, (MPa)	0,10-0,13
Humedad, % (100°C)	4-5
Permeabilidad,(kPa)	>100
Arcilla activa, (%)	10

Tabla 2. Características de la arena sílice empleada en la obtención de la mezcla de moldeo.

(%) $Si0_2$	(%) Arcilla	(%) Retenido en los tamices 0,20/1,10 mm
96,5	1,8	75

Tabla 3. Características de la bentonita empleada en la obtención de la mezcla de moldeo.

$Si0_2$ (%)	Al_2O_3 (%)	K_2o+Na_2O (%)	Temp.de fusión, (°C)	Pérdidas por Calcinación a 1000 °C (%)
60,2	22,3	1,6	1 300	6,2

ANEXO 3.4

Tabla 4. Composición química de la aleación a1.

Réplica	1	2	3	Media	Desv.Est	C.V. (%)
(%) Al	2,96	2,99	2,97	2,97	0,0114	0,3838
(%) Si	2,17	2,14	2,13	2,14	0,0164	0,7678
(%) Mn	0,45	0,45	0,46	0,45	0,0059	1,3111

Tabla 5. Composición química de la aleación a2.

Réplica	1	2	3	Media	Desv.Est	C.V. (%)
(%) Al	2,63	2,60	2,59	2,60	0,0164	0,6319
(%) Si	1,89	1,92	1,98	1,93	0,0531	2,7512
(%) Mn	0,54	0,57	0,57	0,56	0,0177	3,1607

Tabla 6. Composición química de la aleación a3.

Réplica	1	2	3	Media	Desv.Est	C.V. (%)
(%) Al	1,95	1,98	2,12	2,01	0,1004	4,9950
(%) Si	1,97	1,97	1,98	1,97	0,0070	0,3589
(%) Mn	0,49	0,48	0,50	0,49	0.0083	1.7074

Tabla 7. Composición química de la aleación a4.

Réplica	1	2	3	Media	Desv.Est	C.V. (%)
(%) Al	0,94	1,00	1,00	0,98	0,0354	3,6122
(%) Si	2,56	2,63	2,63	2,60	0,0413	1,5884
(%) Mn	0,51	1,47	1,45	1,47	0,0354	2,4081

Tabla 8. Composición química de la aleación a5.

Réplica	1	2	3	Media	Desv.Est	C.V. (%)
(%) Al	1,16	1,21	1,23	1,20	0,0413	3,4416
(%) Si	1,93	1,88	1,86	1,89	0,0413	2,1851
(%) Mn	2,16	2,03	2,05	2,07	0,0767	3,7053

Tabla 9. Composición química de la aleación a6.

Réplica	1	2	3	Media	Desv.Est	C.V. (%)
(%) Al	0,96	0,92	0,97	0,95	0,0295	3,1052
(%) Si	2,05	2,01	1,97	2,00	0,0472	2,3600
(%) Mn	1,83	1,85	1,92	1,87	0,0531	2,8395

ANEXO 3.4

Tabla 10. Composición planificada y real.

Muestra	% Al		% Si		%Mn	
	Plan	Real	Plan	Real	Plan	Real
a1	3	2,97	2,25	2,14	0,5	0,45
a2	3	2,60	2	1,93	0,75	0,56
a3	2,25	2,01	3	1,97	0,5	0,49
a4	1	0,98	3	2,60	1,75	1,47
a5	1,25	1,20	2	1,89	2,5	2,07
a6	1	0,95	2,25	2,00	2,5	1,87

Tabla 11. Resultado del ensayo de desgaste

Muestras	Probetas (g)			Rodillos (g)			Desgaste Gravimétrico,(g)		Desgaste Volumétrico, (mm³)	
	Inicial	Final	Δp	Inicial	Final	Δp	Probetas	Rodillos	Probetas	Rodillos
a1	6,1635	6,1600	0,0035	162,7300	162,7000	0,0300	0,0945	0,0195	0,013216	0,002484
	6,1400	5,8650	0,2750	170,4970	170,4740	0,0230				
	6,4800	6,4750	0,0051	169,5245	169,5188	0,0057				
a3	6,7000	6,6990	0,001	164,7170	164,7040	0,013	0,0284	0,0143	0,003972	0,001821
	6,6400	6,6380	0,002	167,7300	167,7220	0,0080				
	6,5924	6,5100	0,0824	166,7120	166,6900	0,022				
bronce	8.1281	8.1273	0.0008	111.1452	111.1418	0.0034	0.0013	0.0024	0,000145	0,000305
	8.2324	8.2311	0.0013	114.3398	114.3361	0.0017				
	7.9132	7.9113	0.0019	103.6019	103.5997	0.0022				

ANEXO 3.4

Muestra (a1)

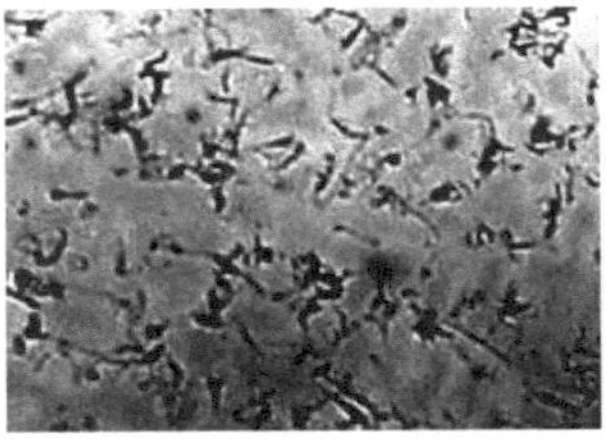

Al: 2,97
Si: 2,14
Mn: 0,45

Figura 1. Caracterización del grafito, (100X)

Figura 7. Caracterización de la matriz, (400X)

Muestra (a2)

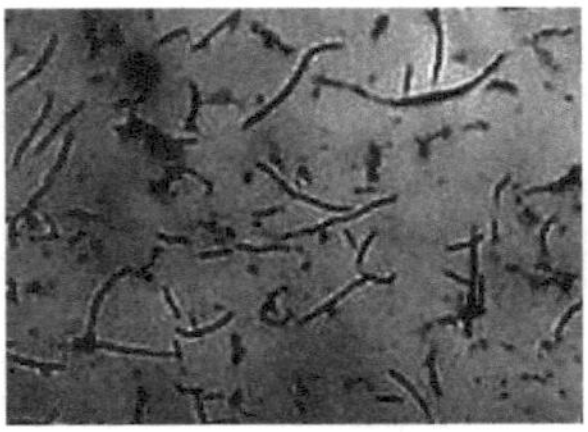

Al: 2,60
Si: 1,93
Mn: 0,56

Figura 2. Caracterización del grafito, (100X)

Figura 8. Caracterización de la matriz, (400X)

Muestra (a3)

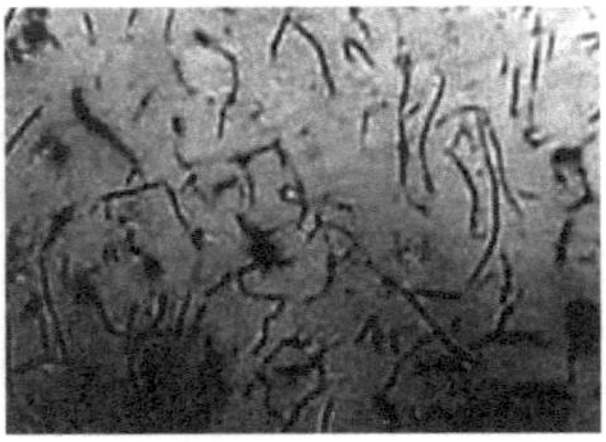

Al: 2,01
Si: 1,97
Mn: 0,49

Figura 3. Caracterización del grafito, (100X)

Figura 9. Caracterización de la matriz, (400X)

Muestra (a4)

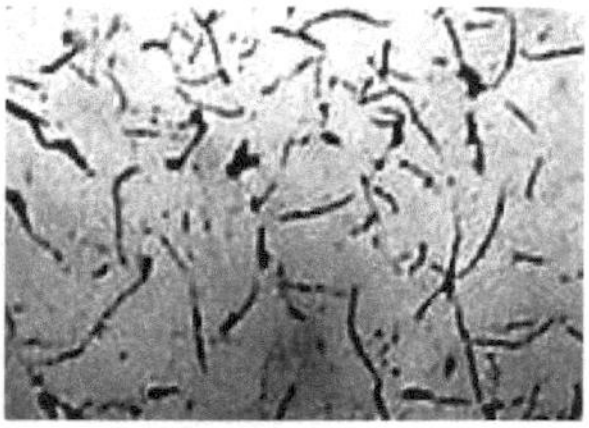

Figura 4. Caracterización del grafito, (100X)

Figura 10. Caracterización de la matriz, (400X)

Muestra (a5)

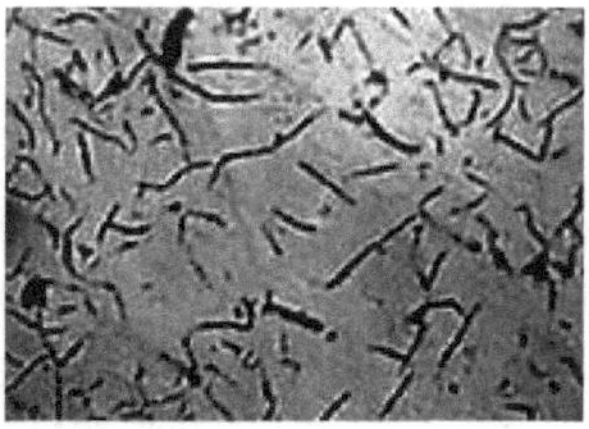

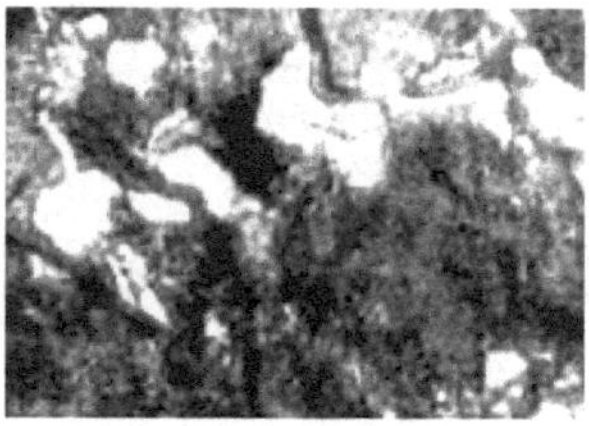

Figura 5. Caracterización del grafito, (100X)

Figura 11. Caracterización de la matriz, (400X)

Muestra (a6)

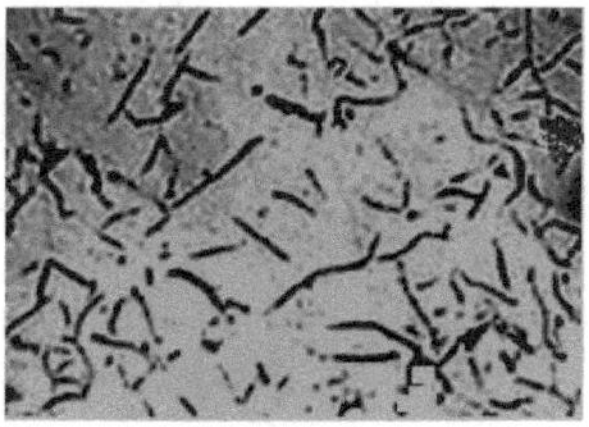

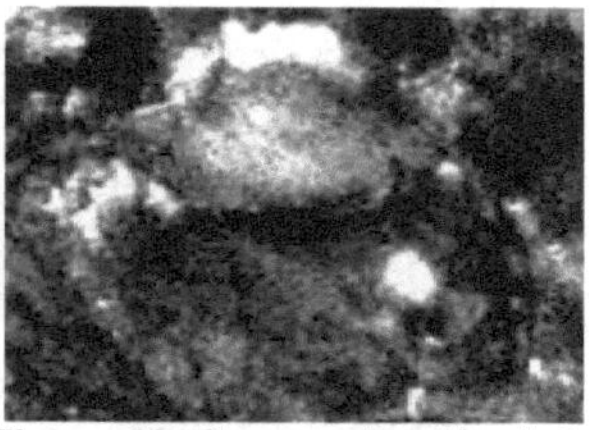

Figura 6. Caracterización del grafito, (100X)

Figura 12. Caracterización de la matriz, (400X)

ANEXO 3.5

Analyze Mixture - Cg

Linear Model Fitting Results for Cg

Parameter	Estimate	Standard Error	T Statistic	P-Value
A:Al	11,1236	0,969196		
B:Si	16,6154	2,22484		
C:Mn	4,76488	0,969196		

R-squared = 91,7526 percent
R-squared (adjusted for d.f.) = 86,2543 percent
Standard Error of Est. = 1,23048
Mean absolute error = 0,744816
Durbin-Watson statistic = 2,36896 (P=0,6539)
Lag 1 residual autocorrelation = -0,3617

The StatAdvisor

This pane displays the equation of the fitted quadratic model. The equation of the fitted model is

Cg = 11,1236*Al + 16,6154*Si + 4,76488*Mn

where the values of the components are specified in pseudo-components. To have STATGRAPHICS evaluate this function, select Predictions from the list of Tabular Options. To plot the function, select Response Plots from the list of Graphical Options.

ANOVA for Cg

Source	Sum of Squares	Df	Mean Square	F-Ratio	P-Value
Linear Model	50,5327	2	25,2664	16,69	0,0237
Total error	4,54226	3	1,51409		
Total (corr.)	55,075	5			

R-squared = 91,7526 percent
R-squared (adjusted for d.f.) = 86,2543 percent
Standard Error of Est. = 1,23048
Mean absolute error = 0,744816
Durbin-Watson statistic = 2,36896 (P=0,6539)
Lag 1 residual autocorrelation = -0,3617

The StatAdvisor
This table shows an analysis of variance for the currently selected quadratic model. Since the P-value for this model is less than 0,05, there is a statistically significant relationship between Cg and the components at the 95,0% confidence level.

The R-Squared statistic indicates that the model as fitted explains 91,7526% of the variability in Cg. The adjusted R-squared statistic, which is more suitable for comparing models with different numbers of independent variables, is 86,2543%. The standard error of the estimate shows the standard deviation of the residuals to be 1,23048. The mean absolute error (MAE) of 0,744816 is the average value of the residuals. The Durbin-Watson (DW) statistic tests the residuals to determine if there is any significant correlation based on the order in which they occur in your data file. Since the P-value is greater than 5,0%, there is no indication of serial autocorrelation in the residuals at the 5,0% significance level.

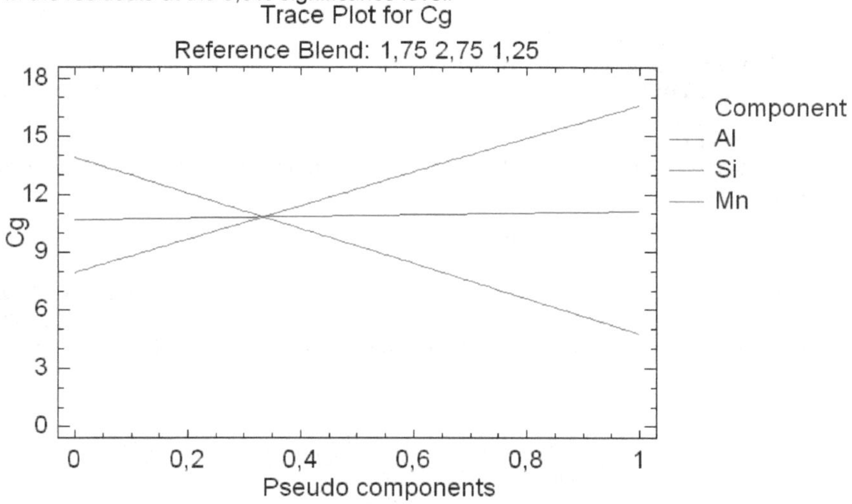

Figura 1. Influencia de los elementos aleantes sobre Cg

ANEXO 3.6

Analyze Mixture – Tg

Linear Model Fitting Results for Tg

		Standard	T	
Parameter	*Estimate*	*Error*	*Statistic*	*P-Value*
A:Al	94,9582	8,82848		
B:Si	69,4231	20,2662		
C:Mn	294,849	8,82848		

R-squared = 99,0025 percent
R-squared (adjusted for d.f.) = 98,3375 percent
Standard Error of Est. = 11,2086
Mean absolute error = 7,27611
Durbin-Watson statistic = 3,06851 (P=0,8916)
Lag 1 residual autocorrelation = -0,652456

The StatAdvisor
This pane displays the equation of the fitted linear model. The equation of the fitted model is

Tg = 94,9582*Al + 69,4231*Si + 294,849*Mn

where the values of the components are specified in pseudo-components. To have STATGRAPHICS evaluate this function, select Predictions from the list of Tabular Options. To plot the function, select Response Plots from the list of Graphical Options.

ANOVA for Tg

Source	*Sum of Squares*	*Df*	*Mean Square*	*F-Ratio*	*P-Value*
Linear Model	37406,4	2	18703,2	148,87	0,0010
Total error	376,895	3	125,632		
Total (corr.)	37783,3	5			

R-squared = 99,0025 percent
R-squared (adjusted for d.f.) = 98,3375 percent
Standard Error of Est. = 11,2086
Mean absolute error = 7,27611
Durbin-Watson statistic = 3,06851 (P=0,8916)
Lag 1 residual autocorrelation = -0,652456

The StatAdvisor
This table shows an analysis of variance for the currently selected linear model. Since the P-value for this model is less than 0,05, there is a statistically significant relationship between Tg and the components at the 95,0% confidence level.
The R-Squared statistic indicates that the model as fitted explains 99,0025% of the variability in Tg. The adjusted R-squared statistic, which is more suitable for comparing models with different numbers of independent variables, is 98,3375%. The standard error of the estimate shows the standard deviation of the residuals to be 11,2086. The mean absolute error (MAE) of 7,27611 is the average value of the residuals. The Durbin-Watson (DW) statistic tests the residuals to determine if there is any significant correlation based on the order in which they occur in your data file. Since the P-value is greater than 5,0%, there is no indication of serial autocorrelation in the residuals at the 5,0% significance level.

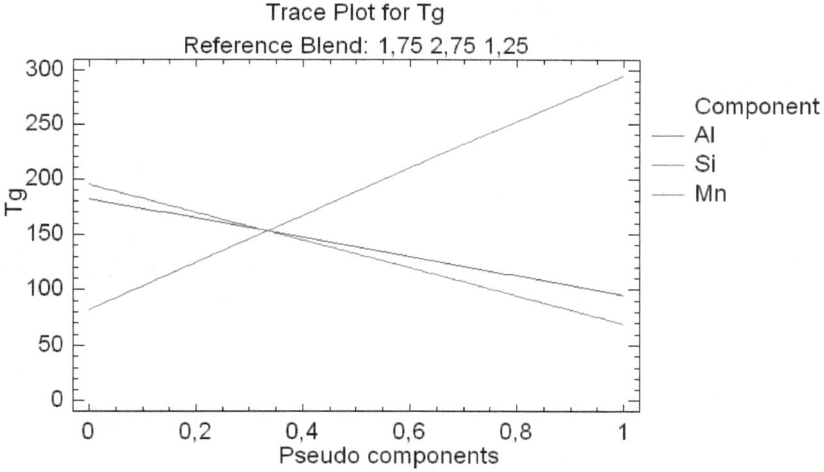

Figura 1. Influencia de los elementos aleantes sobre Tg

ANEXO 3.7

Analyze Mixture - Cf

Linear Model Fitting Results for Cf

		Standard	T	
Parameter	*Estimate*	*Error*	*Statistic*	*P-Value*
A:Al	12,1251	0,477081		
B:Si	13,3462	1,09516		
C:Mn	3,9403	0,477081		

R-squared = 98,2859 percent
R-squared (adjusted for d.f.) = 97,1431 percent
Standard Error of Est. = 0,605697
Mean absolute error = 0,301375
Durbin-Watson statistic = 2,39061 (P=0,6626)
Lag 1 residual autocorrelation = -0,443665

The StatAdvisor
This pane displays the equation of the fitted quadratic model. The equation of the fitted model is

Cf = 12,1251*Al + 13,3462*Si + 3,9403*Mn

where the values of the components are specified in pseudo-components. To have STATGRAPHICS evaluate this function, select Predictions from the list of Tabular Options. To plot the function, select Response Plots from the list of Graphical Options.

ANOVA for Cf

Source	*Sum of Squares*	*Df*	*Mean Square*	*F-Ratio*	*P-Value*
Linear Model	63,1077	2	31,5539	86,01	0,0022
Total error	1,10061	3	0,366869		
Total (corr.)	64,2083	5			

R-squared = 98,2859 percent
R-squared (adjusted for d.f.) = 97,1431 percent
Standard Error of Est. = 0,605697
Mean absolute error = 0,301375
Durbin-Watson statistic = 2,39061 (P=0,6626)
Lag 1 residual autocorrelation = -0,443665

The StatAdvisor
This table shows an analysis of variance for the currently selected quadratic model. Since the P-value for this model is less than 0,05, there is a statistically significant relationship between Cf and the components at the 95,0% confidence level.

The R-Squared statistic indicates that the model as fitted explains 98,2859% of the variability in Cf. The adjusted R-squared statistic, which is more suitable for comparing models with different numbers of independent variables, is 97,1431%. The standard error of the estimate shows the standard deviation of the residuals to be 0,605697. The mean absolute error (MAE) of 0,301375 is the average value of the residuals. The Durbin-Watson (DW) statistic tests the residuals to determine if there is any significant correlation based on the order in which they occur in your data file. Since the P-value is greater than 5,0%, there is no indication of serial autocorrelation in the residuals at the 5,0% significance level.

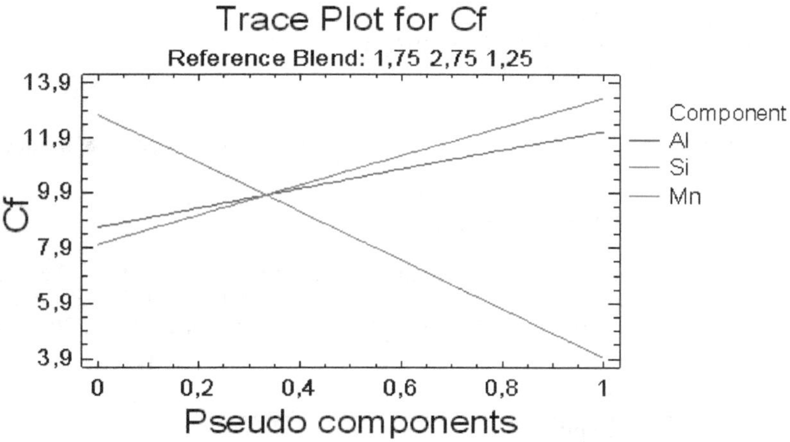

Figura 1. Influencia de los elementos aleantes sobre Cf

ANEXO 3.8

Analyze Mixture - HB

Linear Model Fitting Results for HB

		Standard	*T*	
Parameter	*Estimate*	*Error*	*Statistic*	*P-Value*
A:Al	254,935	3,32578		
B:Si	258,0	7,63449		
C:Mn	283,565	3,32578		

R-squared = 93,1326 percent
R-squared (adjusted for d.f.) = 88,5544 percent
Standard Error of Est. = 4,22238
Mean absolute error = 2,12802
Durbin-Watson statistic = 2,28503 (P=0,6197)
Lag 1 residual autocorrelation = -0,407582

The StatAdvisor
This pane displays the equation of the fitted linear model. The equation of the fitted model is

HB = 254,935*Al + 258,0*Si + 283,565*Mn

where the values of the components are specified in pseudo-components. To have STATGRAPHICS evaluate this function, select Predictions from the list of Tabular Options. To plot the function, select Response Plots from the list of Graphical Options.

ANOVA for HB

Source	*Sum of Squares*	*Df*	*Mean Square*	*F-Ratio*	*P-Value*
Linear Model	725,348	2	362,674	20,34	0,0180
Total error	53,4855	3	17,8285		
Total (corr.)	778,833	5			

R-squared = 93,1326 percent
R-squared (adjusted for d.f.) = 88,5544 percent
Standard Error of Est. = 4,22238
Mean absolute error = 2,12802
Durbin-Watson statistic = 2,28503 (P=0,6197)
Lag 1 residual autocorrelation = -0,407582

The StatAdvisor
This table shows an analysis of variance for the currently selected linear model. Since the P-value for this model is less than 0,05, there is a statistically significant relationship between HB and the components at the 95,0% confidence level.

The R-Squared statistic indicates that the model as fitted explains 93,1326% of the variability in HB. The adjusted R-squared statistic, which is more suitable for comparing models with different numbers of independent variables, is 88,5544%. The standard error of the estimate shows the standard deviation of the residuals to be 4,22238. The mean absolute error (MAE) of 2,12802 is the average value of the residuals. The Durbin-Watson (DW) statistic tests the residuals to determine if there is any significant correlation based on the order in which they occur in your data file. Since the P-value is greater than 5,0%, there is no indication of serial autocorrelation in the residuals at the 5,0% significance level.

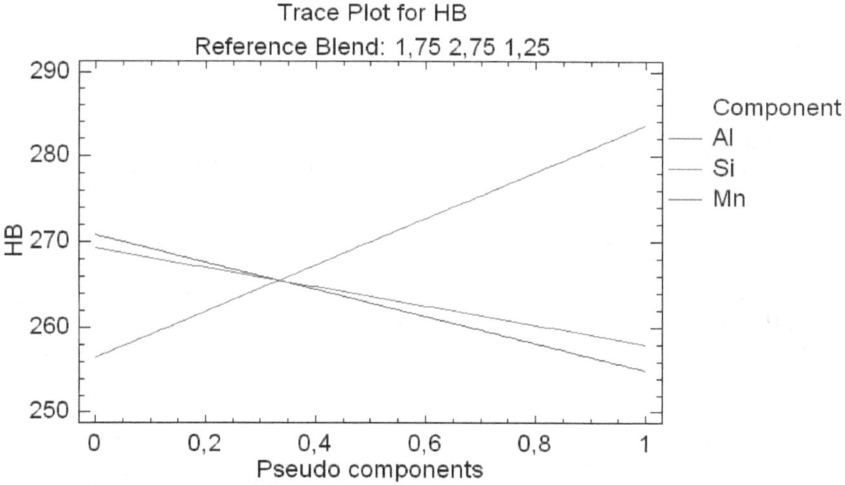

Figura 1. Influencia de los elementos aleantes sobre HB

ANEXO 3.9

Analyze Mixture - RT

Linear Model Fitting Results for RT

		Standard	*T*	
Parameter	*Estimate*	*Error*	*Statistic*	*P-Value*
A:Al	152,966	3,74761		
B:Si	177,369	8,60282		
C:Mn	181,557	3,74761		

R-squared = 91,361 percent
R-squared (adjusted for d.f.) = 85,6017 percent
Standard Error of Est. = 4,75793
Mean absolute error = 2,88837
Durbin-Watson statistic = 2,12445 (P=0,5527)
Lag 1 residual autocorrelation = -0,300159

The StatAdvisor
This pane displays the equation of the fitted linear model. The equation of the fitted model is

RT = 152,966*Al + 177,369*Si + 181,557*Mn

where the values of the components are specified in pseudo-components. To have STATGRAPHICS evaluate this function, select Predictions from the list of Tabular Options. To plot the function, select Response Plots from the list of Graphical Options.

ANOVA for RT

Source	*Sum of Squares*	*Df*	*Mean Square*	*F-Ratio*	*P-Value*
Linear Model	718,22	2	359,11	15,86	0,0254
Total error	67,9137	3	22,6379		
Total (corr.)	786,133	5			

R-squared = 91,361 percent
R-squared (adjusted for d.f.) = 85,6017 percent
Standard Error of Est. = 4,75793
Mean absolute error = 2,88837
Durbin-Watson statistic = 2,12445 (P=0,5527)
Lag 1 residual autocorrelation = -0,300159

The StatAdvisor
This table shows an analysis of variance for the currently selected linear model. Since the P-value for this model is less than 0,05, there is a statistically significant relationship between RT and the components at the 95,0% confidence level.
The R-Squared statistic indicates that the model as fitted explains 91,361% of the variability in RT. The adjusted R-squared statistic, which is more suitable for comparing models with different numbers of independent variables, is 85,6017%. The standard error of the estimate shows the standard deviation of the residuals to be 4,75793. The mean absolute error (MAE) of 2,88837 is the average value of the residuals. The Durbin-Watson (DW) statistic tests the residuals to determine if there is any significant correlation based on the order in which they occur in your data file. Since the P-value is greater than 5,0%, there is no indication of serial autocorrelation in the residuals at the 5,0% significance level.

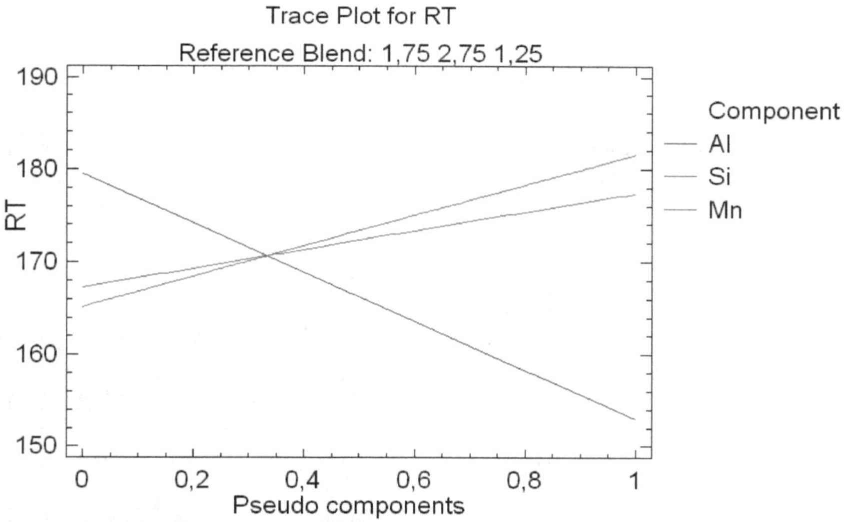

Figura 1. Influencia de los elementos aleantes sobre RT

ANEXO 3.10

Tabla 1. Composición química (%)

Variante	C	Si	Mn	P	S	Cr	Mo	Ni	Al	Cu	Fe
b1	3.38	2,90	0.425	0.218	0.133	0.090	0.012	0.062	0,85	0.108	90.0
b2	3.74	3,16	0.375	0.251	0.114	0.085	0.007	0.059	2,30	0.115	91.8
b3	3.40	3,20	0.410	0.263	0.099	0.089	0.011	0.062	2,32	0.132	90.5
b4	3.50	2,91	0.407	0.224	0.100	0.088	0.012	0.059	3,82	0.120	90.7
b5	3.76	2,93	0.346	0.148	0.143	0.086	0.009	0.057	3,74	0.116	91.2
b6	3.43	3,42	0.371	0.228	0.141	0.081	0.006	0.061	0,90	0.105	91.3
HFB	3.31	2.99	0.389	0.261	0.095	0.084	0.006	0.062	0.005	0.099	92.6

Tabla 2. Caracterización del desgaste

Muestras	Probetas (g)			Rodillos (g)			Desgaste Gravimétrico,(g)		Desgaste Volumétrico, (mm^3)	
	Inicial	Final	Δp	Inicial	Final	Δp	Probetas	Rodillos	Probetas	Rodillos
b1	**5,4840**	**5.4806**	**0.0034**	**111.1725**	**111.1681**	**0.0044**	**0.0020**	**0.0071**	**0,000279**	**0,000904**
	5,5229	**5.5210**	**0.0019**	**114.3816**	**114.3734**	**0.0082**				
	5,8090	**5.8079**	**0.0011**	**103.6410**	**103.6323**	**0.0087**				
b2	**6.5898**	**6.5883**	**0.0015**	**114.3995**	**114.3928**	**0.0067**	**0.0015**	**0.0075**	**0,000209**	**0,000955**
	6.5004	**6.4987**	**0.0017**	**103.6604**	**103.6523**	**0.0081**				
	6.3794	**6.3780**	**0.0014**	**111.1904**	**111.1825**	**0.0079**				
b3	**6.5224**	**6.214**	**0.0020**	**111.1561**	**111.1514**	**0.0047**	**0.0015**	**0.0058**	**0,000209**	**0,000738**
	6.6529	**6.6518**	**0.0011**	**114.3600**	**114.3540**	**0.0060**				
	6.5232	**6.5219**	**0.0013**	**103.6207**	**103.6141**	**0.0066**				
b4	**6.4235**	**6.4197**	**0.0038**	**111.3080**	**111.2998**	**0.0082**	**0.0033**	**0.0072**	**0,000461**	**0,000917**
	6.6408	**6.6386**	**0.0022**	**111.2801**	**111.2739**	**0.0062**				
	6.5469	**6.5428**	**0.0041**	**114.4880**	**114.4809**	**0.0071**				
b5	**6.4593**	**6.4562**	**0.0031**	**103.6793**	**103.6764**	**0.0029**	**0.0035**	**0.0030**	**0,000489**	**0,000382**
	6.4700	**6.4672**	**0.0028**	**111.1376**	**111.1331**	**0.0045**				
	6.5144	**6.5098**	**0.0046**	**114.4249**	**114.4233**	**0.0016**				
b6	**6.4954**	**6.4920**	**0.0034**	**114.4587**	**114.4489**	**0.0098**	**0.0023**	**0.0090**	**0,000321**	**0,001146**
	6.6222	**6.6200**	**0.0022**	**103.7086**	**103.7000**	**0.0086**				
	6.3615	**6.3629**	**0.0014**	**111.2582**	**111.2494**	**0.0088**				
bronce	**8.1281**	**8.1273**	**0.0008**	**111.1452**	**111.1418**	**0.0034**	**0.0013**	**0.0024**	**0,000145**	**0,000305**
	8.2324	**8.2311**	**0.0013**	**114.3398**	**114.3361**	**0.0017**				
	7.9132	**7.9113**	**0.0019**	**103.6019**	**103.5997**	**0.0022**				
HFB	**6.2728**	**6.6703**	**0.0025**	**111.1293**	**111.1208**	**0.0085**	**0.0021**	**0.0087**	**0,000293**	**0,001108**
	6.6808	**6.6789**	**0.0019**	**103.5523**	**103.5435**	**0.0088**				
	6.5229	**6.5209**	**0.0020**	**114.3123**	**114.3033**	**0.0090**				

ANEXO 3.11

Analyze Mixture - Cg

Quadratic Model Fitting Results for Cg

		Standard	*T*	
Parameter	*Estimate*	*Error*	*Statistic*	*P-Value*
A:Al	15,3608	1,37324		
B:Si	7,20077	1,37324		
AB	1,04615	5,62335	0,186037	0,8643

R-squared = 86,6498 percent
R-squared (adjusted for d.f.) = 77,7497 percent
Standard Error of Est. = 1,46324
Mean absolute error = 0,913333
Durbin-Watson statistic = 1,44836 (P=0,2747)
Lag 1 residual autocorrelation = 0,017515

The StatAdvisor
This pane displays the equation of the fitted quadratic model. The equation of the fitted model is

Cg = 15,3608*Al + 7,20077*Si + 1,04615*Al*Si

where the values of the components are specified in pseudo-components. To have STATGRAPHICS evaluate this function, select Predictions from the list of Tabular Options. To plot the function, select Response Plots from the list of Graphical Options.

ANOVA for Cg

Source	*Sum of Squares*	*Df*	*Mean Square*	*F-Ratio*	*P-Value*
Quadratic Model	41,6901	2	20,8451	9,74	0,0488
Total error	6,42323	3	2,14108		
Total (corr.)	48,1133	5			

R-squared = 86,6498 percent
R-squared (adjusted for d.f.) = 77,7497 percent
Standard Error of Est. = 1,46324
Mean absolute error = 0,913333
Durbin-Watson statistic = 1,44836 (P=0,2747)
Lag 1 residual autocorrelation = 0,017515

The StatAdvisor
This table shows an analysis of variance for the currently selected quadratic model. Since the P-value for this model is less than 0,05, there is a statistically significant relationship between Cg and the components at the 95,0% confidence level.
The R-Squared statistic indicates that the model as fitted explains 86,6498% of the variability in Cg. The adjusted R-squared statistic, which is more suitable for comparing models with different numbers of independent variables, is 77,7497%. The standard error of the estimate shows the standard deviation of the residuals to be 1,46324. The mean absolute error (MAE) of 0,913333 is the average value of the residuals. The Durbin-Watson (DW) statistic tests the residuals to determine if there is any significant correlation based on the order in which they occur in your data file. Since the P-value is greater than 5,0%, there is no indication of serial autocorrelation in the residuals at the 5,0% significance level.

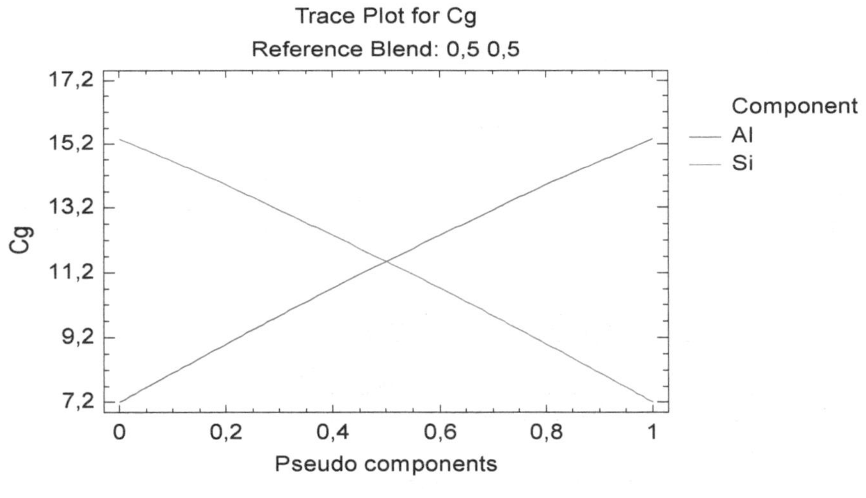

Figura 1. Influencia del Al y del Si sobre la cantidad de grafito

ANEXO 3.12

Analyze Mixture - Tg

Quadratic Model Fitting Results for Tg

		Standard	T	
Parameter	*Estimate*	*Error*	*Statistic*	*P-Value*
A:Al	141,392	6,55431		
B:Si	91,7923	6,55431		
AB	53,5385	26,8395	1,99476	0,1400

R-squared = 92,2086 percent
R-squared (adjusted for d.f.) = 87,0143 percent
Standard Error of Est. = 6,98386
Mean absolute error = 4,24615
Durbin-Watson statistic = 1,8045 (P=0,4174)
Lag 1 residual autocorrelation = -0,191666

The StatAdvisor
This pane displays the equation of the fitted quadratic model. The equation of the fitted model is

Tg = 141,392*Al + 91,7923*Si + 53,5385*Al*Si

where the values of the components are specified in pseudo-components. To have STATGRAPHICS evaluate this function, select Predictions from the list of Tabular Options. To plot the function, select Response Plots from the list of Graphical Options.

ANOVA for Tg

Source	*Sum of Squares*	*Df*	*Mean Square*	*F-Ratio*	*P-Value*
Quadratic Model	1731,68	2	865,838	17,75	0,0217
Total error	146,323	3	48,7744		
Total (corr.)	1878,0	5			

R-squared = 92,2086 percent
R-squared (adjusted for d.f.) = 87,0143 percent
Standard Error of Est. = 6,98386
Mean absolute error = 4,24615
Durbin-Watson statistic = 1,8045 (P=0,4174)
Lag 1 residual autocorrelation = -0,191666

he StatAdvisor
This table shows an analysis of variance for the currently selected quadratic model. Since the P-value for this model is less than 0,05, there is a statistically significant relationship between Tg and the components at the 95,0% confidence level.

The R-Squared statistic indicates that the model as fitted explains 92,2086% of the variability in Tg. The adjusted R-squared statistic, which is more suitable for comparing models with different numbers of independent variables, is 87,0143%. The standard error of the estimate shows the standard deviation of the residuals to be 6,98386. The mean absolute error (MAE) of 4,24615 is the average value of the residuals. The Durbin-Watson (DW) statistic tests the residuals to determine if there is any significant correlation based on the order in which they occur in your data file. Since the P-value is greater than 5,0%, there is no indication of serial autocorrelation in the residuals at the 5,0% significance level.

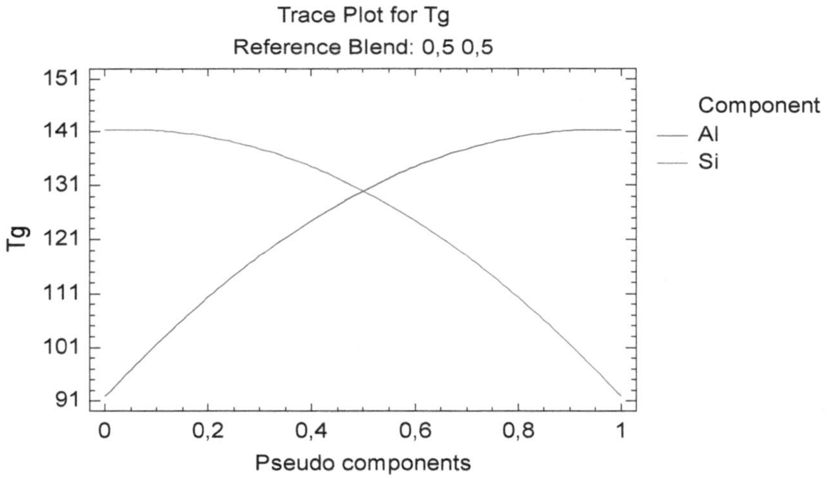

Figura 1. Influencia del Al y del Si sobre el tamaño del grafito

ANEXO 3.13

Analyze Mixture - Cf

Quadratic Model Fitting Results for Cf

		Standard	*T*	
Parameter	*Estimate*	*Error*	*Statistic*	*P-Value*
A:Al	42,7658	5,81822		
B:Si	9,44577	5,81822		
AB	26,2462	23,8253	1,10161	0,3511

R-squared = 86,5274 percent
R-squared (adjusted for d.f.) = 77,5457 percent
Standard Error of Est. = 6,19954
Mean absolute error = 3,65423
Durbin-Watson statistic = 1,37566 (P=0,2477)
Lag 1 residual autocorrelation = -0,0370978

The StatAdvisor
This pane displays the equation of the fitted quadratic model. The equation of the fitted model is

Cf = 42,7658*Al + 9,44577*Si + 26,2462*Al*Si

where the values of the components are specified in pseudo-components. To have STATGRAPHICS evaluate this function, select Predictions from the list of Tabular Options. To plot the function, select Response Plots from the list of Graphical Options.

ANOVA for Cf

Source	*Sum of Squares*	*Df*	*Mean Square*	*F-Ratio*	*P-Value*
Quadratic Model	740,531	2	370,265	9,63	0,0495
Total error	115,303	3	38,4342		
Total (corr.)	855,833	5			

R-squared = 86,5274 percent
R-squared (adjusted for d.f.) = 77,5457 percent
Standard Error of Est. = 6,19954
Mean absolute error = 3,65423
Durbin-Watson statistic = 1,37566 (P=0,2477)
Lag 1 residual autocorrelation = -0,0370978

The StatAdvisor
This table shows an analysis of variance for the currently selected quadratic model. Since the P-value for this model is less than 0,05, there is a statistically significant relationship between Cf and the components at the 95,0% confidence level.

The R-Squared statistic indicates that the model as fitted explains 86,5274% of the variability in Cf. The adjusted R-squared statistic, which is more suitable for comparing models with different numbers of independent variables, is 77,5457%. The standard error of the estimate shows the standard deviation of the residuals to be 6,19954. The mean absolute error (MAE) of 3,65423 is the average value of the residuals. The Durbin-Watson (DW) statistic tests the residuals to determine if there is any significant correlation based on the order in which they occur in your data file. Since the P-value is greater than 5,0%, there is no indication of serial autocorrelation in the residuals at the 5,0% significance level.

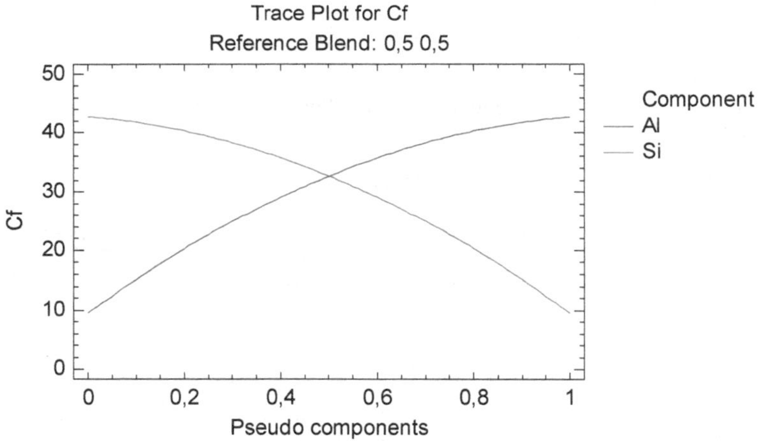

Figura 1. Influencia del Al y del Si sobre el tamaño del grafito

ANEXO 3.14

Analyze Mixture - HB

Quadratic Model Fitting Results for HB

		Standard	T	
Parameter	Estimate	Error	Statistic	P-Value
A:Al	129,427	20,8285		
B:Si	248,227	20,8285		
AB	-99,3846	85,2914	-1,16524	0,3282

R-squared = 86,5267 percent
R-squared (adjusted for d.f.) = 77,5446 percent
Standard Error of Est. = 22,1935
Mean absolute error = 13,2269
Durbin-Watson statistic = 1,48997 (P=0,2905)
Lag 1 residual autocorrelation = -0,11091

The StatAdvisor
This pane displays the equation of the fitted quadratic model. The equation of the fitted model is

HB = 129,427*Al + 248,227*Si - 99,3846*Al*Si

where the values of the components are specified in pseudo-components. To have STATGRAPHICS evaluate this function, select Predictions from the list of Tabular Options. To plot the function, select Response Plots from the list of Graphical Options.

ANOVA for HB

Source	Sum of Squares	Df	Mean Square	F-Ratio	P-Value
Quadratic Model	9489,68	2	4744,84	9,63	0,0495
Total error	1477,66	3	492,553		
Total (corr.)	10967,3	5			

R-squared = 86,5267 percent
R-squared (adjusted for d.f.) = 77,5446 percent
Standard Error of Est. = 22,1935
Mean absolute error = 13,2269
Durbin-Watson statistic = 1,48997 (P=0,2905)
Lag 1 residual autocorrelation = -0,11091

The StatAdvisor
This table shows an analysis of variance for the currently selected quadratic model. Since the P-value for this model is less than 0,05, there is a statistically significant relationship between HB and the components at the 95,0% confidence level.

The R-Squared statistic indicates that the model as fitted explains 86,5267% of the variability in HB. The adjusted R-squared statistic, which is more suitable for comparing models with different numbers of independent variables, is 77,5446%. The standard error of the estimate shows the standard deviation of the residuals to be 22,1935. The mean absolute error (MAE) of 13,2269 is the average value of the residuals. The Durbin-Watson (DW) statistic tests the residuals to determine if there is any significant correlation based on the order in which they occur in your data file. Since the P-value is greater than 5,0%, there is no indication of serial autocorrelation in the residuals at the 5,0% significance level.

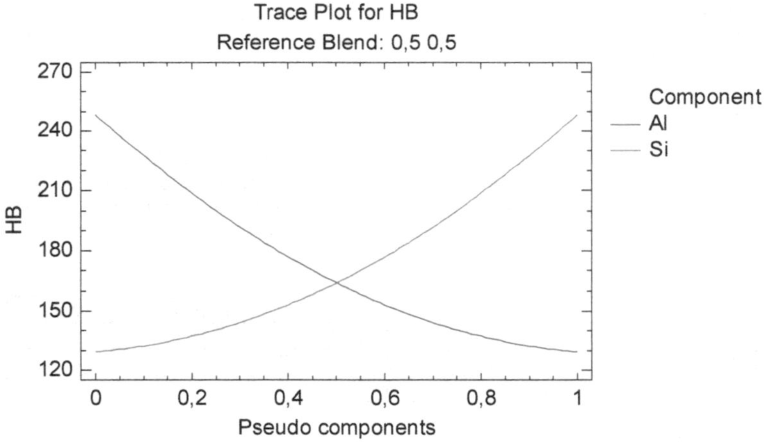

Figura 1. Influencia del Al y del Si sobre la macrodureza

ANEXO 3.15

Analyze Mixture - RT

Quadratic Model Fitting Results for RT

		Standard	*T*	
Parameter	*Estimate*	*Error*	*Statistic*	*P-Value*
A:Al	100,042	7,59103		
B:Si	142,842	7,59103		
AB	-46,4615	31,0848	-1,49467	0,2319

R-squared = 86,8037 percent
R-squared (adjusted for d.f.) = 78,0062 percent
Standard Error of Est. = 8,08853
Mean absolute error = 4,43462
Durbin-Watson statistic = 2,19424 (P=0,5820)
Lag 1 residual autocorrelation = -0,104141

The StatAdvisor
This pane displays the equation of the fitted quadratic model. The equation of the fitted model is

RT = 100,042*Al + 142,842*Si - 46,4615*Al*Si

where the values of the components are specified in pseudo-components. To have STATGRAPHICS evaluate this function, select Predictions from the list of Tabular Options. To plot the function, select Response Plots from the list of Graphical Options.

ANOVA for RT

Source	*Sum of Squares*	*Df*	*Mean Square*	*F-Ratio*	*P-Value*
Quadratic Model	1291,06	2	645,53	9,87	0,0479
Total error	196,273	3	65,4244		
Total (corr.)	1487,33	5			

R-squared = 86,8037 percent
R-squared (adjusted for d.f.) = 78,0062 percent
Standard Error of Est. = 8,08853
Mean absolute error = 4,43462
Durbin-Watson statistic = 2,19424 (P=0,5820)
Lag 1 residual autocorrelation = -0,104141

The StatAdvisor
This table shows an analysis of variance for the currently selected quadratic model. Since the P-value for this model is less than 0,05, there is a statistically significant relationship between RT and the components at the 95,0% confidence level.

The R-Squared statistic indicates that the model as fitted explains 86,8037% of the variability in RT. The adjusted R-squared statistic, which is more suitable for comparing models with different numbers of independent variables, is 78,0062%. The standard error of the estimate shows the standard deviation of the residuals to be 8,08853. The mean absolute error (MAE) of 4,43462 is the average value of the residuals. The Durbin-Watson (DW) statistic tests the residuals to determine if there is any significant correlation based on the order in which they occur in your data file. Since the P-value is greater than 5,0%, there is no indication of serial autocorrelation in the residuals at the 5,0% significance level.

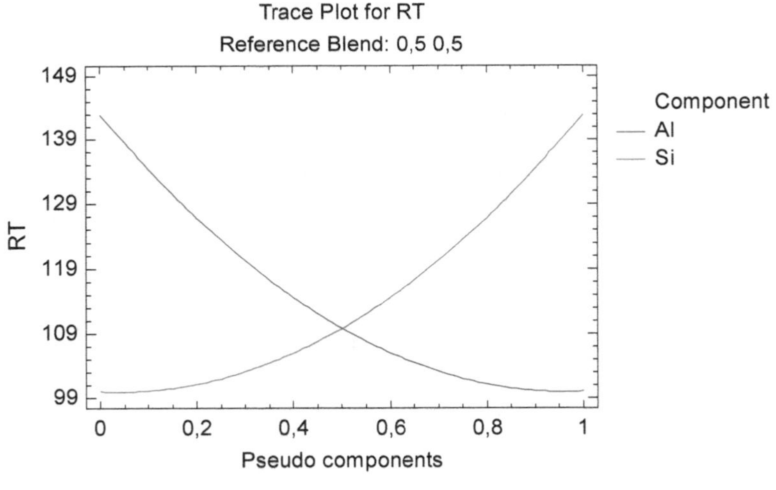

Figura 1. Influencia del Al y del Si sobre la resistencia a la tracción

ANEXO 3.16

Muestra (b1)

Al: 1,00
Si: 3,00

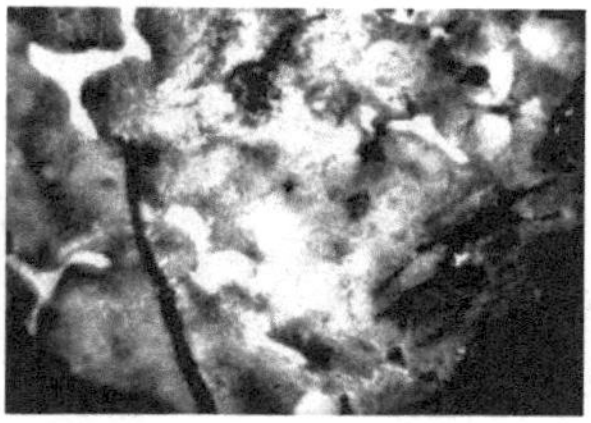

Figura 1. Caracterización del grafito, (100X)

Figura 7. Caracterización de la matriz, (400X)

Muestra (b2)

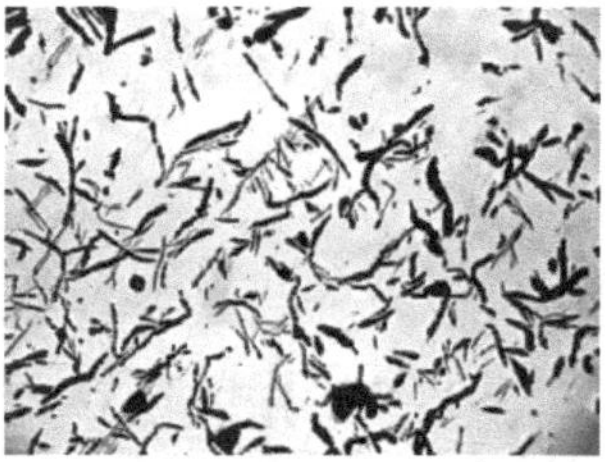

Al: 2,50
Si: 3,30

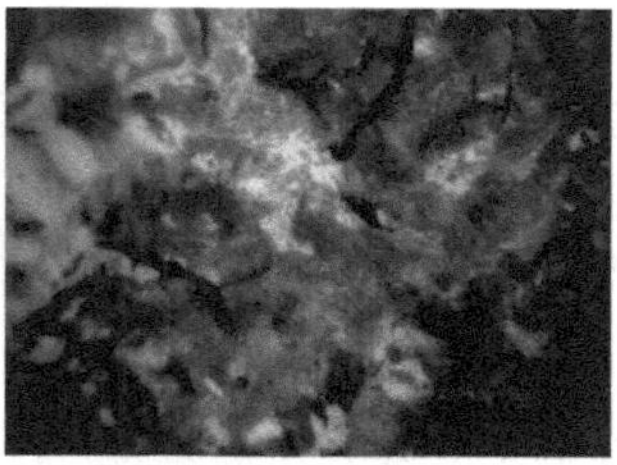

Figura 2. Caracterización del grafito, (100X)

Figura 8. Caracterización de la matriz, (400X)

Muestra (b3)

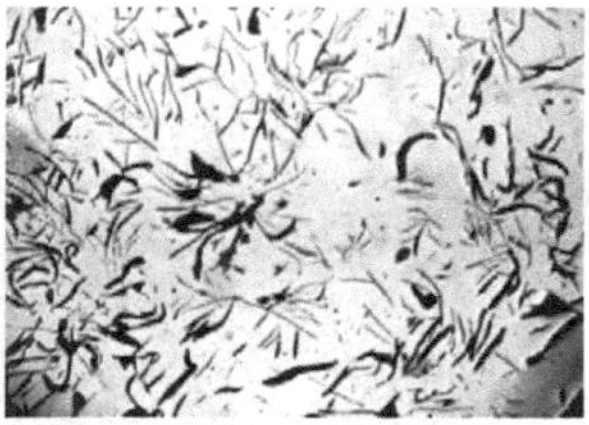

Al: 2,50
Si: 3,30

Figura 3. Caracterización del grafito, (100X)

Figura 9. Caracterización de la matriz, (400X)

ANEXO 3.16

Muestra (b4)

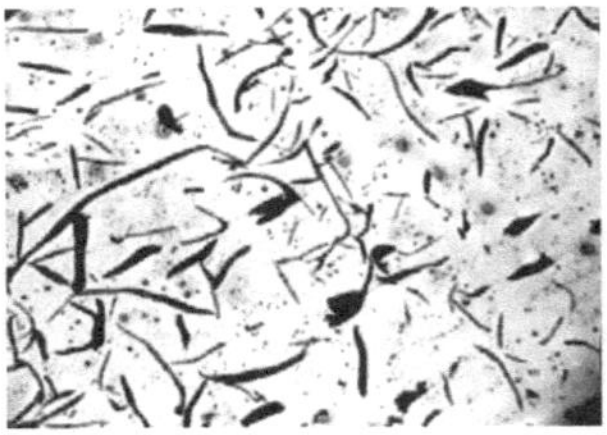

Al: 4,00
Si: 3,00

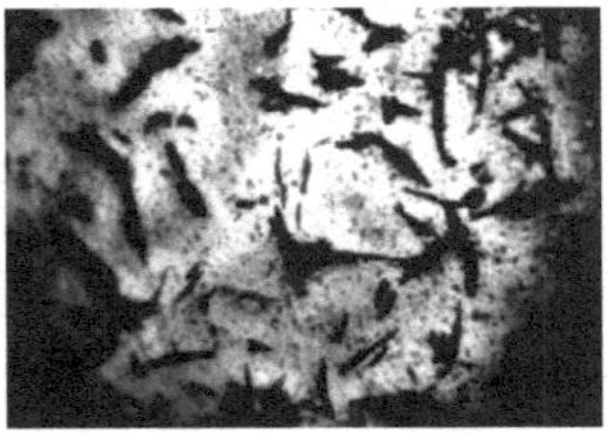

Figura 4. Caracterización del grafito, (100X)

Figura 10. Caracterización de la matriz, (400X)

Muestra (b5)

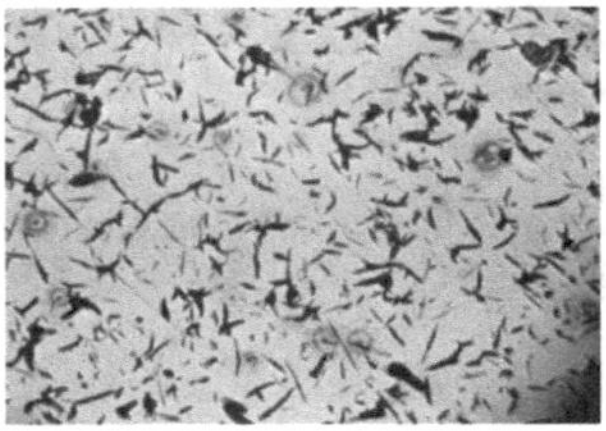

Al: 4,00
Si: 3,60

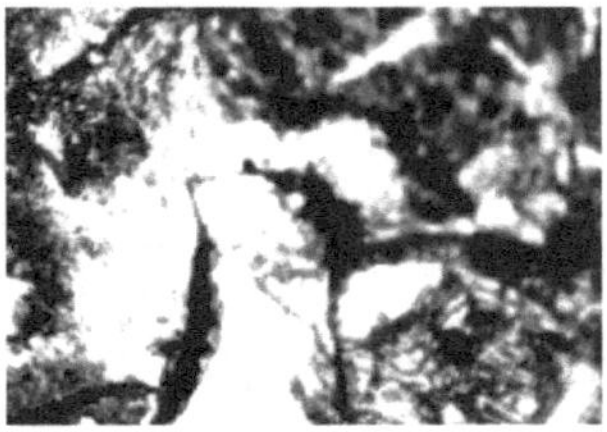

Figura 5. Caracterización del grafito, (100X)

Figura 11. Caracterización de la matriz, (400X)

Muestra (b6)

Al: 1,00
Si: 3,60

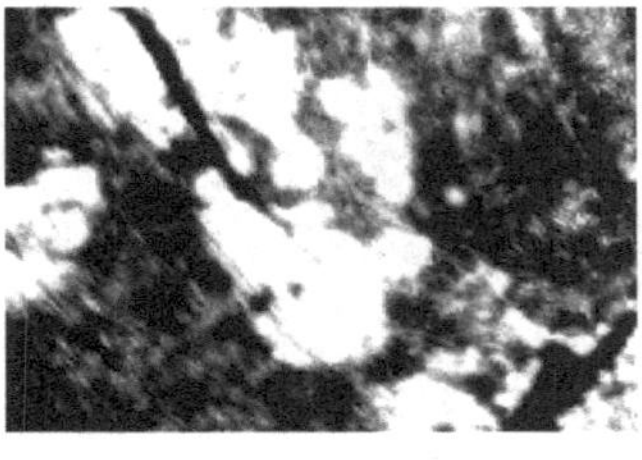

Figura 6. Caracterización del grafito, (100X)

Figura 12. Caracterización de la matriz, (400X)

More Books!

yes I want morebooks!

Buy your books fast and straightforward online - at one of the world's fastest growing online book stores! Environmentally sound due to Print-on-Demand technologies.

Buy your books online at

www.get-morebooks.com

¡Compre sus libros rápido y directo en internet, en una de las librerías en línea con mayor crecimiento en el mundo! Producción que protege el medio ambiente a través de las tecnologías de impresión bajo demanda.

Compre sus libros online en

www.morebooks.es

OmniScriptum Marketing DEU GmbH
Bahnhofstr. 28
D - 66111 Saarbrücken
Telefax: +49 681 93 81 567-9

info@omniscriptum.com
www.omniscriptum.com

OMNIScriptum

FSC
www.fsc.org
MIX
Papier | Fördert gute Waldnutzung
FSC® C083411

Kolibri 360 GmbH
Ferdinand-Jühlke-Straße 7
99095 Erfurt, Deutschland
produktsicherheit@kolibri360.de

Druck:
CPI Druckdienstleistungen GmbH
im Auftrag der
Kolibri 360 GmbH
Ferdinand-Jühlke-Str. 7
99095 Erfurt